藍學堂

學習・奇趣・輕鬆讀

L.E.A.D.

溝通系統

打造團隊心理安全感，成為員工想追隨的領導者

高效團隊的祕密，不在管理，而是「心理安全感」。

羅建仁——著

目次

第3部 打造L.E.A.D.團隊

推薦序

用「L.E.A.D.溝通系統」才能「LEAD」

郭奕伶／商周集團執行長

商周集團與羅建仁老師的合作至今十二個年頭，他的課程一直很受歡迎。不論哪一個年齡層，上過羅老師的課程後都讚不絕口，我的孩子也上過他的課，至今受用。

羅建仁老師身為商周CEO學院的明星講師，為了造福更多人，在百忙中積極將自己獨創的《L.E.A.D.溝通系統》撰寫成書，如今可以搶先拜讀，我也再次從字裡行間感受「溝通的力量」。

真正的職場贏家幾乎都有一個共通點，就是卓越的溝通表達本事，然而「溝通」這堂課卻是學校沒教，但足以影響你我一輩子的重要功課。書中，羅建仁老師提到的許多案例與工作場景，我格外有感。在職場，要讓同事跟隨、讓上司信任、讓客戶埋單，便要有三百六十度的溝通連結力，才能創造更多的貴人、良機與人緣。

與其一團和氣、沉默的團隊；擁有心理安全感的團隊，透過「有意義的意見對立」，往往能讓團隊越吵越有競爭力，從不同意見中找出更好的解決方法！

這就是羅建仁老師書中提到的觀點，只要大家勇於提問，也能彼此聆聽，打造出一個人人敢於放心說的團隊。書中也提到一個反例，號稱「永不沉沒」的鐵達尼號，從造船、策劃到航行過程中，只因為在專家們面前「沒有人敢發問」，終至沉沒海底的悲劇。試想，所有企業的經營何嘗不是如此。

書中還有一段「唐三藏取經團隊」的舉例，原來早在明朝的書中，就已經有「脆弱領導」的應用。確實，要帶領孫悟空、豬八戒和沙悟淨這三個鬼靈精怪的徒弟，換是任何領導人都會頭痛。何況唐三藏既不會武功也非全能，但他卻以開放、真實與人性，讓團隊願意跟隨，保護他、和他站一起。也就是說，強悍的領導人在現今已不全然正確，繼之而起的是，尋求團隊整體的協作與共同解決。

透過羅建仁老師的NLP（神經語言學）學習背景，加上他獨創的「L.E.A.D.溝通系統」，從傾聽、同理、提問、指導四個溝通技巧做起，只要我們願意跨出第一步，改變，並不困難。

不想讓沉默扼殺團隊的未來？這堂修煉，我們一起加油！

推薦序

學會溝通，讓人生更輕鬆

陳麗卿／CEO魅力領導教練

溝通累不累？問十個經理人，相信有一半以上會告訴你：事情簡單，難的是人。有許多職場工作者也自承，因為擅長處理事而晉升，但是成為主管職之後，大部分的時間心力都不是花在處理事情，而是處理溝通問題。

溝通能力對職涯的重要性絲毫不遜於硬實力。畢竟同樣的問題，遇上不會溝通的人，可能把小狀況延燒成大危機；遇上擅長溝通的人，則可能大事化小，小事化無，甚至從中挖掘出意外的創新靈感。

不過，就如同建仁在書中提到的，我們從小到大的學習歷程中，從說話課，到演講社、辯論社，接受的都是「單向輸出」式的訓練，目標在說服對方，卻沒有一堂課教我們如何專心傾聽——然而，溝通是雙向的，若少了傾聽的能力，即使能言善道、舌燦蓮花，也難以觸動對方的心，更遑論真正有效的溝通了。

要如何有效的溝通？其中關鍵就在於本書提出的「L.E.A.D.溝通系統」。書中詳細介紹了傾聽（Listen）、同理（Empathy）、提問（Ask）和指導（Direct）這四個核心元素，並以NLP（神經語言學）技巧為基礎，提供了具體的溝通策略，以及貼近真實情境的範例，不僅易於理解，更能落地運用在實際的溝通情境中。

綜觀而言，我們的生命就是由一個又一個的溝通情境串起來的。若能在其中注入對的溝通技巧，你就能讓自己的溝通不僅是言語的表達，更能建立心靈的連結，進而擁有更順暢的生活、更融洽的人際關係，造就更好的職涯，甚至塑造出你心中期待的企業文化；而最棒的是：能夠為自己開拓更廣闊的心靈。

我特別喜歡本書的末章，作者指出了領導者最大的自我挑戰：發現自己的盲點。畢竟唯有自我覺察，才能真正啟動改變，這本書提供了實際可行的方法，協助讀者克服自己的盲點，進而建立更加有效、有韻、有質感的溝通。

大道至簡。這本書深入淺出、幽默真誠，把溝通這門學問料理得簡單好入口，相信它能夠成為你在溝通上的重要指南，幫助你在生活、職場與生命的各個層面中獲得更大的成功。

誠摯推薦這本書給每一位希望提升溝通能力的人！

自序
溝通有時出聲，有時無聲勝有聲

波士頓顧問公司曾經做過一項研究，是有關「讓員工想要追隨的領導能力」，依序為：表揚、指導與發展、同理傾聽、真誠關心、建構超強團隊、授權、創造力、勇氣、復原力和反思等。

這份結果的前四項，與我在企業講授溝通課程二十年、每年超過一百天的看見，不謀而合。員工喜歡領導者散發人味，用心對待他們；而不是散發銅臭，只把他們當賺錢的工具。

因此，有時我至企業講完課，許多員工會跟我說：「老師，我的老闆應該要來上您的課。」我都好奇地問：「為何你會這樣說？」然後聽到：

我老闆很沒同理心，常謾罵批評指責。

我老闆會忘記自己講的話，常怪罪我們。

我老闆很沒耐心，每次我講話，他都自以為知道而打斷我。

有趣的是，我在企業教授領導人該如何與部屬溝通時，許多主管也會跟我說：「老師，我的部屬應該要來上您的課。」此時，我也會好奇地問：「為何你會這樣說？」然後聽到：

我的部屬講都講不聽，很高傲。

我的部屬不尊重我，常跟我唱反調。

我的部屬口無遮攔，常造成團隊衝突。

無論上下，大家異口同聲，對方溝通有問題。真的只是對方有問題？我不認為。因為溝通是種互動，有來有往，若能彼此換位，溝通才不致猙獰。

先談溝通態度，再談技術

有次一位餐旅集團的董娘來上溝通課，我請教她為何來上課？董娘說，她跟準備接班的兒子溝通有障礙，兒子常講不聽。

我問她：「講不聽後你都做什麼？」董娘說，後來都用罵的。「有用嗎？」她說沒用。於是我說：「那為何還要繼續罵？」她無語。

所以，這二十年來我最深刻的體悟是，**溝通是要想方設法讓對方心悅誠服，甚至引導對方說出他原本不想說的，以及去發掘對方沒說出口的**。如果不嘗試靠近對方，或是對方不願意讓我們靠近，溝通基本無效。

因此，我講授溝通課程時，不會先教技術，而是先**談溝通態度**。因為唯有良好的溝通氛圍，雙方才會願意一起解圍。然後我會以獨家的「**L.E.A.D.溝通系統**」（即 Listen, Empathy, Ask, Direct），來提高大家的溝通技巧，讓你與人連結，讓對方與你同行。

偶爾有人會問，溝通這事稀鬆平常，還要學嗎？我說溝通就像是喝水，我們每天都在喝，但有時還是會被水嗆到。學好溝通，意味著如果某天我們不小心被嗆到，自身就能撫平心情、繼續喝水。

我有個學員是家族企業的接班人，來上課的前幾個月，和同在公司的妹妹起了衝突。她把自己的壓力和負面情緒轉嫁到她妹妹身上，說了一些不該說的話，造成她們姊妹兩個多月沒講話，關係降至冰點。

上完課後，這位姊姊感觸很深，主動打電話向妹妹道歉。接到電話的妹妹說，她知道姊姊的壓力很大，但上次的衝突，讓她很受傷。

當妹妹說話時，這位姊姊一度想說，「我知道，所以我才跟妳道歉，」但她沒有，因為她一直記得我在課程中的叮嚀，「要專注聆聽，並讓對方把話說完。」事後這位姊姊跟我說，她很慶幸沒有打斷，因為妹妹後來說了一些讓她很感動的話。

這位接班人跟我道謝，謝謝課程帶來的啟發，讓她的溝通更有能量、勇氣和智慧。也由於她的成長，她和家人、同事的關係，也變得無話不談、休戚與共。

L.A.E.D.溝通的「八二法則」

其實這些年，我有幸看到許多學員，在課堂上聽到一個觀念或學到一個技巧，影響力便有很大的不同。只是大部分的人，很少有機會能坐在我的課堂裡，聽上兩天的課程。所以，我把這些年講授的精華撰寫成書，希望能讓想學習溝通的人，可以透過這些篇章，參透溝通藝術，生命開始改變。

看完這本書，你或許會驚訝地發現，百分之八十的溝通情境，都可以在這裡找到答案。那其餘的百分之二十呢？我想用我公司的故事來回答。

幾年前，我公司有位行政，負責處理課程相關文書和教具準備。她自大學時期就來公司實習，由於表現優異，畢業後就直接來公司上班，一待就是六年。

六年後的某天晚上，這位行政打電話給我，哭哭啼啼地說，她要提辭呈。緣由是她前些天經由親友介紹，去一家規模頗大的電子公司面試，對方告知她被錄取，但須於下週一報到，不然他們只好找第二順位。

行政要離職的消息，在隔天的業務會議上炸鍋，大家七嘴八舌：「怎麼可以這樣，那她的工作誰做？我們有很多訓練專案都在進行哩！」「《勞基法》不是有規定離職預告期，這樣不符規定吧？」「她怎麼這麼不負責任，出來工作這麼久，應該要懂得人情世故吧！」

等大家發洩完後，有人問我的想法。我只淡淡地說：「如果她是你們的妹妹，有好的發展機會，你會祝福她？還是阻礙她？」現場默然。

後來，她利用週休二日的時間，回公司無償協助處理行政事務。兩個月後，我們找到新人，她也花不少心力帶領，直至新人上手，這段私大於公的關係才中止。

我想這就是那百分之二十的溝通法則，也是我在課堂上常說的，**溝通不是零和遊戲，而是要想辦法求全**。聽聞，委曲能求全，就看我們的心，願不願成全。

英特爾創辦人安德魯．葛洛夫（Andrew S. Grove）曾說：「我們溝通有多好，不是決定於我們說得多好，而是別人了解多少。」我相信，讀完此書，並善用L.E.A.D.溝通，你的溝通能力將會提高到另一種境界。因為，你不單會說得好，還能讓別人了解，你是真心為他好。

第 1 部

溝通的力量

第 1 部　溝通的力量

我們都會說，為何還要學？

⬇你將會學到

- 如何說，更能招攬人才
- 如何請部屬放心說真話
- 如何讓人喜歡聽你說話

用 L.E.A.D. 才能 LEAD

⬇你將會學到

- 用 NLP 與人溝通
- 心理師的親和感
- 溝通時讓人想跟你靠近

第 2 部　L.E.A.D. 溝通系統

第 3 部　打造 L.E.A.D. 團隊

- 如何帶出 L.E.A.D. 團隊
- 溝通時，要先有「覺察力」

第一章
我們都會說，為何還要學？

我們每個人都會說話，但為何有人很會說話，有些人卻不會說話？《晏子春秋》裡有個故事，道盡一切。

春秋時期，齊國的齊景公喜歡養鳥，於是命令燭鄒照顧他抓來的鳥。某次齊景公外出打獵，捕獲了一隻很漂亮的鳥，百般叮囑燭鄒要好生照顧這隻鳥。

沒想到過了幾天，那隻鳥竟然不見了。齊景公很生氣，下令要把燭鄒殺了。因為一隻鳥而要殺一個人，大臣們簡直不敢相信，但大家害怕被遷怒，沒有人敢出頭替燭鄒說項。

此時，宰相晏子對齊景公說：「請大王先讓我指出燭鄒的罪行，然後你再殺了他，讓他死得明白，您覺得這樣如何？」

於是，晏子當著齊景公的面跟燭鄒說：「大王叫你養鳥，你竟然讓鳥飛了，罪一也。你讓咱們英明的君王，因為一隻鳥而殺人，罪二也。四方諸侯也會知道，咱們的君王把鳥看做比人還重要，他們會怎麼議論，罪三也。」

晏子說完就對齊景公說：「大王，你現在可以殺他了。」

齊景公聽完晏子所說，明白了意思，就說：「算了吧，把燭鄒放了，寡人險些犯了大錯。」

由這個故事可以得知，晏子並沒有用謾罵批評，強迫齊景公改變主意。而是透過循循善誘，引領齊景公思考利弊得失，最終得到自己想要的結果。

可見，說話不單是一門技術，還是一門藝術。好在技術可以學習，藝術可以賞析。容許我用此書帶領大家，走一趟自我溝通以及與他人溝通之旅，相信到書的尾聲，你的溝通技術和溝通藝術都會不自覺地提高。

最後你或許會把這本書放在案頭，隨時溫故知新，讓自己變得更會說話。而溝通之旅該如何啟程？我們先前往第一站，用「溝通」讓人願意追隨。

1-1 用「溝通」讓人願意追隨

眾所周知，史蒂夫．賈伯斯（Steve Jobs）的簡報很厲害，但大家可能不曉得，賈伯斯的溝通技巧也是一絕。最具代表性的是，他說服當時百事可樂總裁約翰．史考利（John Sculley）加入蘋果公司所說的話。

一九八三年，賈伯斯認為，如果蘋果公司想要成為大企業，就必須聘請一位經驗豐富的管理者。由於史考利經營百事可樂相當成功，賈伯斯認為，只要能招募到史考利，借重他的領導能力以及對市場的洞察，將能為蘋果公司注入全新的動力。

賈伯斯善溝通、打動人心

但史考利被視為是百事可樂董事長的接班人，當時蘋果公司產品也只有「Apple II」，名氣不大，要挖角史考利，可說是天方夜譚。

後來的某天，賈伯斯邀請史考利在紐約的一家餐廳碰面，席間對他說：「你想要一輩子賣糖水，還是與我一同改變世界？」史考利回想，賈伯斯的這個問題，彷彿是一記重拳擊在他的胸口，讓他喘不過氣。

此外，蘋果公司還提供史考利一百萬美元的年薪、一百萬美元的跳槽獎金，以及認股的權利。沒多久，史考利就決定加入蘋果公司，出任執行長一職。

果不其然，蘋果公司在史考利的領導下，推出一系列影響深遠的產品，奠定了在科技界的領先地位，而在他執掌公司期間，蘋果公司的年銷售額從八億美元成長至八十億美元。

後來史考利受邀到賈伯斯家作客，賈伯斯還對他說過：「我們活的時間有限，大概只有兩、三次機會能拚命去做重要的事。沒人知道自己會活多久，但我一直有個信念，就是要趁年輕時做很多大事。」聽到賈伯斯這樣說，史考利覺得好像自己不努力都不行。

賈伯斯挖角史考利的故事，完美呈現**會溝通的人，會打動人心，而且對方還心甘情願為你所用**。

看到這裡或許有人會想，說不定不是賈伯斯的話打動了史考利，而是一百萬美金打動他。畢竟，有錢能使鬼推磨，我又沒錢，怎麼讓人追隨？

不砸錢，馬雲用願景服人

那我們就來看另外一個故事。

「馬雲背後的男人」，台灣出生，中國大陸電商龍頭阿里巴巴創辦者之一蔡崇信，於二〇二三年九月接任阿里巴巴董事會主席。

馬雲曾經說過，他能達到今天的成就，要感謝四個人，分別為蔡崇信、孫正義、楊致遠和金庸。如果真要四選一，那就是蔡崇信。

不少媒體形容，如果沒有蔡崇信，阿里巴巴不會有今天。但蔡崇信卻說，他會選擇加入阿里巴巴，除了看好互聯網的機會外，主要還是因為「馬雲」這個人。

故事開始於一九九九年，阿里巴巴還只是一家剛成立，尚未登記註冊的初創企業，馬雲正努力建立一個可以在互聯網上，連結企業和客戶的平台。

蔡崇信當時在香港的一家瑞典投資公司「銀瑞達」（Investor AB）擔任副總裁，負責亞太區業務管理。在朋友的引薦下，蔡崇信拜訪了阿里巴巴的辦公室，一間位於杭州湖畔的簡陋公寓。

一到那裡，蔡崇信看見十五雙散發味道的鞋子放在門口，廁所裡擺著十五支牙刷。這十五個人就在此工作，累了就席地而睡，眼前景象讓蔡崇信看到了「創業魂」。

接著，由馬雲對蔡崇信講述個人對互聯網和電子商務未來的願景，以及如何透過阿里巴巴這個平台，幫助數百萬家企業實現他們的商業夢想。馬雲說這些事情時，像極了金庸筆下小說人物的大俠，顯露出為國為民、捨我其誰的風采，讓蔡崇信著迷不已。

不久後，蔡崇信主動向馬雲提出，「我擅長財務和法律，可以加入公司幫忙。」但馬雲卻告訴他，「我們負擔不起你那麼高的薪水，只能給月薪五百元人民幣，不能再多了。但你可以考察我們兩個星期，隨時都能反悔退出。」

蔡崇信「考察」阿里巴巴的這段期間，發現馬雲談的都是夢想與願景，未來的機會和挑戰。尤其阿里巴巴的創業團隊，很多人都是馬雲的學生，他們都認為馬雲有一種獨特魅力，這份魅力來自於馬雲對他事業的相信，使他說出來的話帶有力量、讓人深信。馬雲常對團隊說，「客戶第一，員工第二，股東第三」，不先為己利的經營原則，更讓蔡崇信堅信，馬雲是一個可以一起打拚的夥伴。

最終，蔡崇信從原本在投資公司的七十萬美元年薪，降薪到月薪只有五百元人民幣的阿里巴巴擔任財務長。蔡崇信的加入，不僅彌補了阿里巴巴團隊對財務和法務的不足，也運用自己的能力幫助阿里巴巴起飛，逐步成為世界級公司。

包括初期來自投資銀行高盛的五百萬美元，二〇〇〇年日本軟銀孫正義兩千萬美元入股，二〇〇五年收購雅虎中國，二〇〇七年阿里巴巴在香港上市，二〇一四年在美國上市，並創下美國史上最大的ＩＰＯ……，蔡崇信都功不可沒。

當然馬雲也對蔡崇信高度信任，有次蔡崇信自豪地對媒體分享：「每一輪的融資，或是跟法務、財務有關的事，都是由我主導，馬雲在這方面非常信任人，我覺得這是他最難能可貴的地方。」

可見領導人要讓人追隨，不見得一定要灑錢。用願景，可以讓人願意走入你的前景；用信任，可以讓人願意為你擔大任。

矽谷「教練」讓大老闆放下身段

話雖如此，但有時我們會碰到趾高氣昂的人，不好溝通。此時該如何說，才能讓對方放下身段？

曾任谷歌資深副總裁，也是現任 Alphabet 團隊顧問的強納森・羅森柏格（Jonathan Rosenberg），於二〇〇二年前往谷歌面試時，心裡想著，以他過去的豐功偉業，谷歌副總裁這個職位，絕對是囊中之物。

隨後，羅森柏格被安排到一間簡樸的會議室，裡面有一位老先生跟他打招呼。這位老先生是比爾・坎貝爾（Bill Campbell），他是矽谷背後的男人，大家都稱他為「教練」；因為比爾還沒進入矽谷當顧問之前，曾是美國哥倫比亞大學美式足球隊教練。

比爾帶給谷歌巨大的影響。谷歌的創辦人佩吉（Larry Page）和布林（Sergey Brin）都說，如果沒有比爾，他們不會成功。YouTube 執行長蘇珊・沃西基（Susan Wojcicki）也說，每當她要做困難決定時，她會先想比爾會怎麼做？因此她能有今天的成績，都要感謝比爾。

其他被比爾指導過的對象，還包括前谷歌執行長艾力克・施密特（Eric Schmidt）、前 Twitter 執行長迪克・科斯托洛（Dick Costolo）、前臉書營運長雪柔・桑德伯格（Sheryl Sandberg）等。

但當時是羅森柏格第一次遇到比爾，所以還不清楚他是誰。

比爾對來訪的羅森柏格說：「我已經和幾位高層談過了，他們都認為你很聰明，工作也很努力。」羅森柏格聽到比爾這樣說，不禁驕傲了起來。

比爾接著說：「但這些都不重要，我只問你一個問題，你受教嗎？」得意洋洋的羅森柏格，此時不經大腦脫口而出，「那要看教練是誰！」比爾聽到羅森柏格這樣說，就對他說：「自以為聰明的人是沒辦法教的，」隨即起身離開。

羅森柏格大驚失色，心裡想著，「什麼！面試結束了？」此時，羅森柏格才想起谷歌執行長施密特一直在接受一位教練的指導，眼前這位老先生一定就是那位教練。羅森柏格立刻關閉自大模式，請求比爾務必留下來，重新評估他。

比爾暫停腳步，看著羅森柏格說：「我要選擇與誰共事，是要看對方有沒有一顆謙卑的心。**領導不是當老大，領導的任務是為了更大的事服務，為公司，還有為團隊。**」

比爾的當頭棒喝，為羅森柏格醍醐灌頂。最終羅森柏格加入谷歌，成為一個「受教」的人，也接受比爾的教練，成長許多。

招募才智出眾的人，幫公司開創績效，是企業想要長青必須做的事。但這些人有時會桀驁不遜，有時會難以相處，造成管理上的問題。招募時，若沒有說清楚公司的文化要求，進來後可能會傷害到團隊。此時倒不如學比爾，重話先說，設下門檻，寧缺勿濫。

招攬人才三重點

綜觀賈伯斯、馬雲和比爾招攬人才的故事，可以總結出三點，讓我們仿效。

一、有時「問」比說重要

賈伯斯透過簡潔而振奮人心的問題，打動了約翰·史考利。比爾用問題讓羅森柏格反思，谷歌不要高傲自大的人。好的提問，能煽動對方情感，影響對方的行為。

二、說出願景和使命

賈伯斯提出「改變世界」，馬雲強調「讓天下沒有難做的生意」，這些崇高的目標，會激發人們的潛在熱情，使他們願意委身奮鬥。

這也是賽門·西奈克（Simon Sinek）所提出來的一種願景結構，他認為在溝通表達時，真正能夠打動人心的路徑是，先說「為什麼要做」，然後「怎麼做」，最後才是「做什麼」。

三、用信任建立關係

賈伯斯和馬雲雖然都是公司創辦人，並不認為自己可以十項全能，所以他們充分信任招募進來的成員，並且給予十足的自主權。如果沒有信任當溝通的橋梁，關係很容易傾塌。

1-2 使團隊擁有心理安全感

大家在職場上，是否曾碰到這種情形：

你請同事做事，但對方動作很慢，眼看專案時間就要來不及，你卻不敢出聲提醒，怕破壞彼此關係。

開會時，你不敢坦白說出自己真正的意見，怕說出來之後，會被同事討厭，被老闆列入黑名單。

你想多問主管一些問題，好了解事情原委，想出對策。但你問了後，主管卻回說，你怎麼會問這種笨問題。

以上這些情況，都是被認為在**組織裡沒有「團隊心理安全感」，以致員工無法暢所欲言，不敢說真話**。

所謂「團隊心理安全感」，是哈佛商學院管理學教授艾美．艾德蒙森（Amy C. Edmondson），在一九九九年提出的概念。

它指的是團隊成員不用擔心在完成任務的過程中，因為提供新點子、問任何相關的問題、指出缺失，會招致領導人或其他團隊成員的懲罰或羞辱，因而願意展現，各種可能引起人際衝突的行為。

許多人之所以不敢開口說話，是因為不想讓其他人感到不開心；有些人認為，他們的話不會對組織產生實質影響，而選擇不說；此外，有些人怕說了之後，會遭到報復，所以不願意說。這些讓人們「恐懼」的因素，破壞了團隊心理安全感，讓人噤聲。

原先可以預防的福島核災

二〇一一年三月十一日，日本東北沿海發生芮氏規模九．一的強震，引發近十四公尺高的海嘯。海嘯越過福島第一核電廠的廠區，讓緊急發電機無法運作，導致三個反應爐過熱，造成多次爆炸，上萬日本人被迫逃離家園。

根據事後調查，此次災難是可以預防的。因為在災難前，已經有人對核電廠安全措施提出異議，但最終未被採信。

二〇〇六年，日本神戶大學城市安全與保障研究中心教授石橋克彥，被任命為日本小組委員會成員，負責修改有關日本核電廠抗震的國家指導方針。石橋提出質疑，在地震活動性高的地方蓋核電廠，簡直匪夷所思。但他的意見被委員會大多數的顧問否決，他們直接忽略石橋的擔憂。

二〇〇七年，石橋發表了「日本核電廠面臨地震破壞的嚴重威脅」，他認為日本在經歷相對平靜的日子後，陷入了「虛假的信心」。除非現在採取防範，來鞏固核電廠面對地震的威脅，否則日本很有可能在不久的將來遭遇到核災。不幸的是，日本核能監管人班目春樹告訴日本的立法機關，「不用擔心，因為石橋是個不重要的人。」

其實福島核電廠所屬的東京電力公司，早在二〇〇〇年就進行過一項研究，日本確實可能會遭遇高達數十公尺以上的海嘯襲擊。報告中也建議，須採取必要措施，以提升核電廠的防護能力。但是東京電力公司什麼也沒做，因為他們認為，遭遇此種風險的可能性極低。

在二〇〇九年核子與工業安全局的會議上，針對福島核電廠對自然災害的準備，日本地震研究所中心主任岡村行信告訴專家小組，他認為，海嘯將會淹沒福島地區。但東京電力公司的高層反駁岡村，把沒有經過驗證的地震數據，當作安全建議的基準，是沒有意義的。

福島核能事故獨立調查委員會主席黑川清，在對外的事故報告中指出：「我們必須痛苦地承認，這是一場日本製造的災難，在根深蒂固的日本文化中，我們反射性服從，我們不願意質疑權威，我們堅持集體主義，以及我們的島國根性。」

可見在組織中，若是大多數人不願說出內心真實的想法，或是不願意在會議上支持提出反對意見的人，就會讓原本可防範的事情，變成災難。

■ **檢視團隊心理安全感七大問**

如何確保團隊有心理安全感？根據艾美．艾德蒙森的提議，我們可以用以下七個問題來檢視：

- ☐問題一：如果你在團隊裡犯了錯，通常不會影響自身的發展。
- ☐問題二：團隊成員能夠提出問題，即使是棘手的議題。
- ☐問題三：團隊成員可以接受別人的與眾不同。
- ☐問題四：在這個團隊中，冒險是安全的。
- ☐問題五：我隨時可以向這個團隊的其他成員尋求協助。
- ☐問題六：我的努力不會遭到團隊成員的故意貶抑。
- ☐問題七：與團隊成員一起工作，我的獨特技能與才華會得到重視。

我們可以用最少給一分，最多給五分，來調研自己的團隊。如果加總起來分數偏低，就要著手改善團隊的心理安全感。

皮克斯的創造力來源

若團隊有心理安全感，組織就會像皮克斯動畫一樣有創造力。

艾德・卡特莫爾（Edwin Catmull）是皮克斯動畫總裁與創辦人之一，《高效團隊默默在做的三件事》作者丹尼爾・科伊爾（Daniel Coyle）曾經在皮克斯總部與他碰過面。

皮克斯總部位在美國加州北部的愛莫利維爾市，總部有棟大樓，是由玻璃和木材建構而成，內部充滿皮克斯風格，有酒吧、咖啡館和屋頂露台。

正當科伊爾在歌頌這棟大樓時，總裁卡特莫爾停下腳步說：「其實這棟大樓是個錯誤。」

科伊爾以為自己聽錯了，沒想到卡特莫爾繼續說：「因為，這棟大樓沒有創造出我們需要的那種『互動環境』——應該要讓穿堂更寬敞、讓咖啡館更大，應該要把辦公室放在邊緣，好讓中間有更多的共享空間。」

這位公司總裁謙卑地說著這件事，卡特莫爾主要在解釋，公司在這棟建築物犯了錯，我們現在知道了。因為知道，就可以提出修正，然後變好。

其實皮克斯掙扎了好幾年，最終才在一九九五年，推出《玩具總動員》這部動畫，贏得好評。影片大賣後，卡特莫爾又開始擔心，因為他知道，有很多公司經歷世界頂端，賺進大把鈔票後，最終因為迷失而重重摔下。所以，他想**打造一個可以發現問題並解決問題的環境**，而不是聽不進忠言的霸權。

皮克斯在例行的集會中，體現了這樣的機制。日常檢視中，所有員工聚集在一起，觀察並評論前一天製作或拍攝好的鏡頭。實地考察中，團隊置身電影院，一起體驗剛完成的電影，並勇於建言。

皮克斯的頂尖說故事團隊會針對發展中的影片，提供完全坦誠又令人痛苦的回饋。每次回饋都是直接、高度坦誠，指出問題，推動對事想法，找出解決辦法。

也因此，在上映的二十六部動畫長片中，皮克斯總共贏得了十六個奧斯卡獎、十座金球獎，十一次葛萊美獎的殊榮。

打造無所畏懼的組織

了解心理安全感的好處後，無論我們在組織裡的職務為何，都要為團隊心理安全感負起責任，打造一個無所畏懼的組織。我們可以從兩個方面著手，一是多鼓勵、少嚴厲，二是多請教、少說教。

一、多鼓勵、少嚴厲

職場上，如果你遇到一個人的報告很糟糕，而你是他的主管，你會怎麼應對？

你可以說：「我聽不懂你的報告，回去好好準備再來一遍。」或者你可以這樣說：「你的報告，好的地方有這些……也有一些地方可以更好，我分享一下自己的觀點，你聽完後再回去修改，可以嗎？」

從心理學的角度來看，後者說法叫做「正增強」。你沒有直接指責對方，反而先對他的報告提出肯定，再給予建議，當他下次又遇到類似的事，表現就會越來越好。

其實有時發生了問題，一些人因為怕被罵，而不想向上司報告。但拖得越久，對事情發展就越不利。所以主管要常說：「為了一起解決問題，請你們隨時跟我商量或報告進度。」「如果我看起來很忙，可以寫封電子郵件給我，或傳個訊息讓我知道。當我忙完，我就會找你溝通。」

二、多請教、少說教

為了鼓勵團隊暢所欲言，我們可以多用以下問句，「發生什麼事？有困擾嗎？有什麼地方讓你不放心嗎？我請你做這件事，有沒有哪些地方讓你很難懂？有壞消息嗎？」

以推動專案為例，我們可以說：「為了讓計畫變得更好，有沒有人想到還有哪些地方需要調整改進？」

或是在決定策略時，我們可以這樣問：「你對自己負責的部分，哪些地方有疑慮？我可以多做解釋。」

或者當你提出方案，要求部屬執行，你可以說：「你有沒有其他想法可以提高成功率？如果現在一時沒有也沒關係，等你想到了，請務必告訴我。」

領導若多請教，將讓團隊放心說出想法，增添柴火讓組織興旺。

一種溫暖的組織變革

二〇二三年三月九日宜蘭礁溪老爺酒店發生火災，事後，當晚入住的大部分客人非但沒有怪罪，反而給予酒店正面評價，「我非常慶幸是在老爺酒店發生火警，他們的危機處理根本就是教科書等級，」一位房客如是說。

有當晚的住客在網路分享，「雖然來不及帶行李逃生，但有什麼急需，飯店員工都在短時間內為住客提供，大幅降低火災造成的困擾。」

當時曾有客人反映來不及吃晚餐，服務人員毫不猶豫到宿舍，拿出自己的餅乾給客人充飢。還有廚師看到客人的幼兒吵著喝牛奶，立刻騎摩托車到山下買奶粉和奶瓶。

直到隔天十點多確認火滅，開放入館。有二十多名員工主動駕駛自家車，載前一晚暫時安置在其他旅店的客人，回到礁溪老爺收拾行李，再載他們回去。甚至還有些看到新聞報導的休假員工，自動銷假投入現場，看還有什麼可以幫上忙。

你可能會很好奇，為何員工願意付出？我認為，平時礁溪老爺給予員工的心理安全感，是讓此次災難處理可以贏得外界尊敬的主因。

「我就是服務的人。」這是礁溪老爺的信念。與所有重視服務的飯店一樣，針對不同職級的員工，會清楚規範服務範圍。但為了讓同仁們能更熱情服務，礁溪老爺的主管常耳提面命，「如果客人有需要就挺身而出，甚至主動為客人多做一點。」

曾有櫃台人員幫客人登記住宿，發現客人幾天後過生日，不需請示主管，就可以直接送客人慶生蛋糕。因為「員工知道這樣做，主管不會罵我，甚至還可以獲得獎勵，」礁溪老爺總經理唐伯川某次接受媒體採訪說。

史丹佛大學科學部主任艾瑪・賽佩拉（Emma Seppala）說：「嚴格的管理者，通常認為給部屬壓力，就能提高績效。但這種想法其實是錯的，因為這樣做，只會提高壓力指數，而非績效指數。」她也指出，高度的壓力會讓員工緊張，對組織一點好處也沒有。

所以，**團隊心理安全感就是為組織帶來溫暖的一種變革**，建議領導者多鼓勵、少嚴厲，多請教、少說教，讓團隊暢所欲言，放心提意見，這樣團隊便能互相信任，迎接外界的各種變化。

1-3 讓你的話語成為祝福

走在路上，有些家戶門前會貼著「靜思語」，令我最有感觸的是這句「**話多不如話少，話少不如話好**。」語言不只是溝通工具，它還帶有力量；可以傷害一個人，也可以造就一個人。

二十年前，我剛從事職業講師工作，因為沒沒無聞，不常有講課邀約，所以總是想著如何曝光自己。

當時的「自媒體」還未盛行，就像某些歌手出道時，會跑夜市或是校園演唱。我那時也會毛遂自薦到企業演講，但我沒知名度，為何企業要給我機會？於是我只能用最古老的方法，免費演講。

我的盤算是，一方面多講可以鍛鍊演講技巧，厚實我的底蘊；另一方面多去企業亮相，也能累積知名度。所以我拚命打電話推銷自己，期盼天道酬勤。

好在當時有許多保險、傳銷公司的營業據點，需要有外部講師的多元內容，為公司銷售人員充電。可能我在電話這頭的聲音還算有磁性，因此許多單位都給了我機會。

就這樣，我開始每月至少十場的磨練。

說法不同，感受大不同

還記得我第一百多場的講座，是在一家保險公司。演講完畢，單位經理告訴我，下個月他們公司有個業務大會，參加者是業績差強人意的業務人員。經理想請我去「激勵」業務們，也會付我講師費。

聽到保險公司經理這樣說，我眼淚差點流下來，真的皇天不負苦心人。基於好奇，我請教對方，「是不是我講得還不錯？」

沒想到他竟然搖搖頭說：「其實沒有，你講得很爛。你雖然講得不好，卻還有勇氣上台。我們業務員就需要你這種厚臉皮精神，以你為榜樣，我相信會帶給他們一些刺激。」聽完，我哭笑不得，這是褒還是貶啊！

後來，這家公司的另一位經理對我說：「不要在意那位經理的語言，他說話就帶刺，我們早已見怪不怪。事實上，你的講演內容打動了我們，也挑動大家停滯已久的業務魂，真的很謝謝你。」

同一件事，不同說法，不同感受。

其實與人溝通時，我們不是在解決問題，就是在創造愉快的感覺。通常愉快感覺，會先於問題解決，因為談話不愉快，問題會比較難解決。也就是，談話時我們要先顧及對方的心情，再處理雙方的事情。

說話要如何照顧對方的心情？「好話一句三冬暖，惡語傷人六月寒，」把話說好就好。常把話說好的人，我們跟他在一起，他會帶給我們希望，讓我們開心，給我們鼓勵。

有三種話讓職場溝通不良

有個年輕人，進入一家公司上班，他邏輯清楚，辯才無礙。開會時，老闆總喜歡問他的意見，他也都能侃侃而談。

奇怪的是，公司同事都非常討厭這個年輕人。當他跟別部門協調事情，大家不太願意配合；同部門的人，也不喜歡跟他一起工作。

原來是因為這個年輕人的口條非常好，論述能力又強，只要有人跟他意見不合時，他老是要講到對方啞口無言，一副想要滅了對方的樣子。甚至有時還會口出惡言，「你怎麼這麼笨，我都講幾遍了。」「你有帶腦出門嗎？這點小事都做不好。」總是把氣氛搞得很僵。

原本年輕人的主管很看好他，後來發現，這個年輕人的人緣實在太差，沒辦法合群，也就放棄了提拔他的想法。

可見，你說什麼樣的話，就決定你是怎樣的人，也決定你的人際關係好壞親疏。有鑑於此，職場溝通，有三種話盡量不要說。

第一、毒藥的話不能說

有些話，別人對你說，你會不高興，也請你不要對別人說。

以下是主管必須忍住的話：

- 你怎麼連這個也不知道！
- 你怎麼這麼多意見！
- 這種事還要我教！
- 這個讓某某某來，會做得比你好！
- 做就對了，問那麼多幹嘛！
- 你怎麼連這個也不會！
- 你到底在想什麼！

而以下是部屬要忌口的話：

- 所以都是我的錯囉！
- 什麼都不行，你是對我有意見嗎！
- 那不是我的工作範圍啊！
- 會做成這樣，還不是你交代的！

- 好啦，你說得都對！
- 以前都是這樣做，為何要改？
- 不可能！

把話說出口前，先在腦子轉轉，如果這話別人對我說，我會開心嗎？如果話會刺人，不說也罷。

第二、句點的話可不說

溝通時，需保持好奇心，以延續討論，除非必要，不要讓談話快速成句點。

某次跟一位企業人資做課前訪談，她詢問我，「為何要用神經語言學設計溝通課程？」我以為遇到知音，所以興高采烈地告知所想，期能在最短時間解釋清楚。

不到一分鐘，對方便打斷我，直白地跟我說：「老師，您不用講這麼多，這些我都知道。」她的話像一把落刀，讓我「語鯁」，導致我們草草結束這個話題。

像這種「你講的我都知道」、「聽你講話很累耶」，或是講到一半對方說，「你是不是要說……」然後把你要說的都講完，都會讓對方瞬間無言。所以談話時，對方會覺得是他鄉遇故知，還是踏進一片荒蕪，取決於我們怎麼接話。

第三、質詢的話要少說

你可能會遇到這樣的人，凡事跟你唱反調，也會像審問犯人般拷問你，讓你不由得想逃之夭夭。

有位朋友上研究所時，指導教授告訴他，凡事都要抱持存疑態度，直到找出合理解釋。做研究，這種態度為必要；但用在人際關係上，就會讓人不舒服。

比如讀書會上，這位朋友會對主持人的選書提出質疑，「為什麼要選這本書？」「因為那樣……，所以這樣……」主持人回答他。

「但你看，這位作者提出的四個論點，有兩個是相似的。」「還有作者序裡寫道，他要提供五大面向，但標題和內文用的文字不一樣，很容易讓讀者產生混淆。」「所以我問你，你覺得這本書值得讀嗎？」

主持人忍不住冒汗說：「呃，每本書都有可取之處，我們可以說說學到了什麼？」「你還是沒有說服我，為何我們要讀這本書？」他強勢的聲音，澆熄了參與者的熱情。

平日的對話不是法庭攻防，沒必要劍拔弩張。適當的詢問像請教，可以解惑；過度的詢問彷彿偵訊，會封閉彼此心房。

這三種話，讓話語變祝福

不管世代，只要提到優雅，許多人心中就會浮現電影《羅馬假期》的女主角奧黛麗赫本（Audrey Hepburn）。她曾說：「Elegance is the only beauty that will never fade.」（意即：優雅是唯一不會褪色的美）。那要如何變得優雅？她回答：「For attractive lips, speak words of kindness.」（意即：要有吸引人的嘴唇，說話要有善意。）

說話有善意，會讓人舒服。尤其說話讓人舒服的程度，會決定你給人印象的深度，以下說話方式，可以讓話語成為祝福。

第一、給人讚揚，讓對方開心

因為我代理 Think On Your Feet®「駐足思考」課程的關係，有時需至加拿大會議。某次到多倫多，那天氣溫是當年的最高溫，達攝氏三十二度。走在戶外，沒多久就汗如雨下。為了消暑，也為了提神，我走進咖啡店點了一杯冰的焦糖瑪奇朵。服務人員確認我點的咖啡種類，又問了我名字後，就微笑地看著我說：「你咖啡選得真好，很適合今天的天氣。」真奇妙，這句話還真像焦糖瑪奇朵，給我甜甜的感覺。

被譽為美國心理學之父的威廉．詹姆士（William James）說：「每個人天生都渴望得到他人的讚賞。」想想從小到大，你印象最深刻的，是不是被別人肯定和讚揚。

讚賞的語言看似微不足道，事實上滿足人類的天性，會使我們的心情立刻愉快起來，而且久久難以忘懷。像「你做得真好！」「你怎麼這麼聰明！」「你好優秀喔！」這種真誠的讚賞，是淡雅花香，除了圍繞你我，周遭的人心情也會一起舒展。

第二、給人關懷，讓對方感動

為了節省出國差旅費用，我訂了沒附早餐的飯店，於是加拿大友人帶路去當地傳統早餐店用餐。

一進門，一位年紀和長相都像肯德基爺爺的服務生，熱情地問候我們，「今天好嗎？」然後引領我們入座。接著服務生遞上菜單，與我們閒聊，「第一次來嗎？從哪裡來？今天想吃什麼？」沒有生硬的標準流程，只讓我在陌生國度，猶如遇到熟悉親友般的溫馨關懷。

點好餐後，約莫過了十分鐘，服務生用雙手把早餐送到早已飢腸轆轆的我面前，然後笑容滿面地說：「Enjoy！」這聲特別揚起的「Enjoy」，讓我的心情也跟著飛揚起來。

一句簡單的問候，就可以溫暖陌生的心。如果我們常關心周圍的人，彼此的情誼會歷久還是濃。「最近好嗎？」「你變瘦了，怎麼辦到的？」「需要我幫忙嗎？」出自真心的關懷，會讓對方窩心。無論身處什麼位階，常說，會贏得好感。

第三、給人信心，讓對方充滿希望

那年深夜一點多，我在多倫多的皮爾遜國際機場等待回台航班，無意間聽到兩位地勤人員對話，內容讓我起雞皮疙瘩。

當時有位白人女性，不斷地向一位黑人女性說：「謝謝。」本來我以為是很稀鬆平常的道謝，結果那位黑人女性是這樣回答的，「真的不用客氣！親愛的，我們一起工作呢！我幫你是應該的，我們是一個團隊呀！」

剎那間，我瞥見那白人女生眼泛淚光，而這語言的暖意，也驅散了我因夜半還不能入睡，所帶來的身體寒意。

文字本身沒有意義，**是說的人賦予它生命**。說話給人信心，讓人覺得跟你對話，生命充滿了意義。

能給人信心的話，像是「有任何需要我幫忙的地方，請跟我說，我會盡可能幫助你。」「你絕對不是一個人，我會陪著你。」「不管發生任何事，我們都可以一起解決。」這種話不需華麗辭藻，只要將心比心，就可以**用你的語言拉他一把**。

給人讚揚，可以讓對方開心起來。給人關懷，可以讓對方感動滿滿。給人信心，可以讓對方充滿希望。我們可以把這種說話方式，視為一種溝通態度，你就會在所到之處傳遞溫暖，讓你的話語成為祝福。

第二章 用L.E.A.D.才能LEAD

大學時期，我對民俗舞蹈有興趣，於是參加土風舞社，又因緣際會擔任社長。後來體育課選修，也選擇舞蹈課，統合綜效。

也因為在社團學過各國的舞蹈，偶爾上體育課時，老師會請我教大家跳土風舞。有趣的是，教獨舞，我當仁不讓；但如果要教雙人舞，我卻縛手縛腳。

原因是，我必須帶著一位不會這首舞且陌生的舞伴，一同示範給在場同學看，而我，完全不知道該如何帶領對方。

由於教學技巧拙劣，我經常手忙腳亂，搞得舞伴手足無措，幾次之後，老師只好找我溝通，「**帶領**」，**不是你教你的，她跳她的，而是一種默契與協調**。你太想表現自己，堅持要對方配合自己，導致對方一直被你拉扯，兩人的舞姿極不協調。

因此，老師對我說，要先放下自我，當成自己什麼也不知道，與對方共同探索舞步與節奏。偶爾出聲提醒，適時配合對方，相信未來無論是哪一位舞伴，你都能優雅帶領，華麗共舞。

我聽話照做，減少摸索。按照老師的提點，果然漸入佳境，後續完成幾次的教學，都獲得同學好評。大學畢業後，我雖沒再跳土風舞，但如何帶領別人的感悟，常縈繞於心。

爾後，我進入企管領域，以溝通表達為職志，想做出個人品牌。於是，我看遍管理理論、中外領導書籍，許多書都提及，「**溝通其實是種帶領**」，如果對方不願接受我們的帶領，或是我們帶領的技巧不夠好，就很難完成溝通這件事。

後來，我試著用NLP神經語言學來闡述溝通心法，讓對方願意接受我們的帶領；用我自己設計的**L.E.A.D.系統**，**Listen**（**傾聽**）、**Empathy**（**同理**）、**Ask**（**提問**）、**Direct**（**指導**）來提升溝通技法，強化我們的帶領技巧。心法與技法合而為一，結果獲得巨大的口碑。

我想，**溝通就像在跳雙人舞**，如果大家各跳各的，三不五時互相踩踏，組織容易跌跤。唯有用L.E.A.D.系統溝通，彼此LEAD，才能共舞出精彩篇章。

但，為何要以NLP神經語言學為學理？請看神經語言學的奧妙。

2-1 善用NLP溝通技巧

一九七〇年代，一位在美國加州加利福尼亞大學修習心理學的學生理察・班德勒（Richard Bandler），於偶然的機會，接受了一項工作。這份工作是為當時久負盛名的家族治療大師維琴尼亞・薩提爾（Virginia Satir）整理資料，把她在工作坊所講的話，轉譯成文字。

在長達幾個月的埋首中，班德勒發現了一件有趣的事，薩提爾似乎採用一套很特別的行為模式和溝通技巧，以及特殊的聲調和語調，來為她的客戶從事心理治療。

於是，班德勒邀請當時在加利福尼亞大學的語言學教授約翰・格林德（John Grinder）加入，想和他一起破解薩提爾的密碼。格林德是位出色的語言學大師，在當時，他已經發表過好幾篇關於語言學的論文。

沒多久，班德勒和格林德就發現，薩提爾慣用的語言模式。在與某些人溝通時，薩提爾會偏用視覺的文字；而對有些人，則會說很多有聲音的文字；但有時對特定的人，她比較會用感性的語言。

班德勒和格林德把這個發現告訴薩提爾，薩提爾說，連她自己都不知道，自己是這樣在與個案溝通。

從薩提爾到艾瑞克森

為了擴大研究，班德勒和格林德開始接觸當代催眠治療大師米爾頓．艾瑞克森（Milton Erickson）。他們花了幾個星期，反覆研讀艾瑞克森的催眠語言，聆聽他治療病人的錄音帶，以及觀看他催眠病人的錄影帶。漸漸地，他們也掌握了艾瑞克森慣用的講話方式和行為特色。

有個艾瑞克森的故事，跟大家分享，你就會知道他的催眠功力。

有一年，艾瑞克森到美國中南部的小鎮，治療一位曾經因為家暴問題，導致足不出戶，陷入憂鬱症的一位婦女。艾瑞克森到了這位婦女獨居的屋子裡，感受到什麼叫「了無生氣」，他與這位愁容滿面的婦女聊天，艾瑞克森知道她過得很不快樂。

聊了幾分鐘，艾瑞克森問這位婦人：「我能看一下你的房子嗎？」於是，這位婦人帶著艾瑞克森，參觀她又髒又舊但很大的房子。

在一個房間的窗台上，艾瑞克森看到了幾盆紫羅蘭，各開著深紫、淺紫、白色的花。艾瑞克森問這位婦人，「這些花真漂亮，是妳種的嗎？」婦人臉上閃過一抹微笑，「我在家沒事做的時候，就喜歡打理這些盆栽，沒想到，還開出了幾朵花。」

艾瑞克森聽完後，喃喃自語地說：「如果你的鄰居，在他們特別的日子，比如結婚紀念日、生日或是生小孩的時候，能夠收到這麼漂亮的花，你想他們會有多開心。」艾瑞克森說完後，沒幾分鐘，就與那位婦人道別了。

接下來的日子裡，這位婦人開始種植大量的紫羅蘭，而且會留意鄰居的特別日子。當那天來臨時，她會從眾多開花的紫羅蘭中，挑選最漂亮的紫羅蘭送給對方，收到花的人，都非常開心。

爾後，婦人因為要照顧眾多的紫羅蘭，不再有時間沮喪，也慢慢恢復對人生的希望，憂鬱症不藥而癒。多年之後，這位婦人過世了，小鎮上收過她送花的人，都出席了她的喪禮，送葬的隊伍綿延至整個山頭。

艾瑞克森明明什麼也沒做，卻治好了這位婦女？其實，這就是艾瑞克森常強調的，催眠不需要什麼複雜場景，也不用拿個懷錶裝神弄鬼，更多的時候，應該是發生在生活裡。也就是，你隨意的一句話，都能催眠別人。

於是班德勒和格林德兩人，把薩提爾和艾瑞克森兩位大師的治療方法和溝通過程逐步拆解，並且自己去試驗這些技巧。後來，又發現這些大師有獨特的心靈程式，他們也把這些心靈程式具體化。

學大師的心理治療技巧

經過多年的實驗，班德勒和格林德終於成功複製這些大師的技巧，並且運用這些技巧，也取得與大師同樣的治療效果。後來，他們就把這個研究成果，命名為Neuro Linguistic

Programming，中文翻譯為神經語言學，簡稱NLP。

由於班德勒和格林德始終認為，任何卓越的行為都可以被複製和模仿，就像游泳和開車，只要經過學習與練習，便熟能生巧。所以接下來的幾年，他們不斷接觸數十位在各領域都非常成功的人士，萃取他們的思考、溝通和行為模式，擴大NLP的內涵。

班德勒和格林德也開始教導別人NLP，學過的人，都對這種新興的行為科學，在提升自己和改變他人上，所展現出的巨大成果感到訝異。從此，NLP就被廣泛運用在人際溝通、自我成長、教練領導、潛能開發，甚至是健康維護等領域上。

之後，學習NLP的人越來越多，代表性的人物有美國前總統柯林頓、前世界排名第一的網球選手阿格西、激勵大師安東尼．羅賓，他們都是NLP的受益者和擁護者，也幫NLP打開了名聲。

Neuro Linguistic Programming這三個字有各自的意涵，以下就來解釋：

N，是神經系統

Neuro是「神經系統」，指的是我們的大腦如何運作，如何接收和處理信息，而這些影響了我們的思維、情感和行為。

我們的眼、耳、身、舌、鼻，在遭遇外在的刺激會產生五覺，也就是視覺、聽覺、感覺、味覺和嗅覺，這些感受會存放在我們的大腦裡。

以抽菸來說，有人喜歡抽菸，但也有人討厭菸味，為何會有這麼大的反差？

原因是喜歡抽菸的人，神經系統裡有叼菸帥氣的模樣，或是抽菸給人放鬆愉悅的感覺。當他燃起一根菸，大腦的記憶被啟動，他就覺得抽菸不錯。討厭抽菸的人剛好相反。在他們的大腦中，存在著難聞的菸味，抽菸會讓人得到癌症，甚至有一些噁心病變的畫面。一旦有人抽菸或請他們抽菸，這些大腦記憶會讓他們厭惡菸。

每個人的神經系統，經驗連結不盡相同。但，我們可以透過語言，改變神經系統的經驗連結。

L，指語言與非語言

Linguistic代表「語言」，我們與他人互動或跟自己溝通，都是透過語言或是非語言。語言，是我們說出口的話，反映了我們的內在狀態和信念；非語言，則包含姿勢、動作、聲調與表情。NLP把我們的內心對話，腦裡的圖像、感覺或聲音，也都當作是Linguistic的一部分。

語言，對人有巨大的影響力。

當有人丟了一筆生意，你對他說：「你好倒楣喔，你一定覺得很沮喪！」和「沒關係啦，相信以你的熱情，客戶一定會回頭找你的！」不同的話，給當事人帶來不同的感受。

同樣的，如果有人問你：「你會不會游泳？」你說：「我不會。」這樣彷彿替自己設限，游泳對你來說，很難。可是如果有人問你：「你會不會游泳？」你回答：「還不會。」這種說法，感覺游泳對你是可能的，只是還沒學而已。只要你想，學會游泳指日可待。

用字遣詞，會影響人們想法。看來，我們與人溝通，必須謹言慎句。

P，意即程式化

Programming是程式化，這一詞源自於電子計算機，指的是我們的行為模式和習慣，都是設定好的程式反應。這些模式可以被分析和改變，以改善我們的生活和成就。

開車的人都有過這樣的經驗，剛學開車時，坐在一旁的教練會告訴你，想前進時，先打D檔，接著右腳慢慢踩油門，車子就會徐徐移動。轉彎時，先打方向燈，再轉動方向盤。要倒車，先打檔到R，眼睛看後照鏡或是雷達影像，確認無人後，輕踩油門，車就會往後退。如果想停止，就踩下煞車。打P檔，就可停車。

這些事看起來容易，對一個新手駕駛而言，卻是手忙腳亂的過程。但只要多練習幾次，你的大腦和身體就會習慣開車這件事，甚至可以一邊開車，一邊跟旁邊的教練講話，偶爾還可以罵罵「馬路三寶」。

這種從不會到會、到熟悉，直到像呼吸一樣自然展現能力的過程，就是程式化。NLP認為，我們所有的行為，都是被自己內在的程式所控制，我們可以設計自己的程式，來達到我們想要的成果。

生活裡，我們用電腦鍵盤打字，產生文件，再透過印表機列印出來。拿到紙本後，發現其中有幾個錯字，為求正確與美觀，我們會重新回到電腦前修正，檢查後再重印和校對，直到完美。同樣的，當我們發現自己有些不好的行為，可以放棄這些舊有行為，透過重新學習來更新自己。

人的大腦就像是電腦，行為就是大腦處理的結果。所以，要重新學習，就要回到源頭，重新輸入訊息給大腦。還好，對人而言，我們不需要「鍵盤」，只要用「語言」輸入，就能設計自己的人生，這就是NLP程式化的過程。

曾經有人問我：「NLP神經語言學，難學嗎？」我說，因為你心裡想著難，所以會覺得難。我建議對方這樣說：「NLP神經語言學，容易學嗎？」是不是聽起來比較積極，這就是NLP的威力，容易吧！

理察．班德勒曾說：「我在這裡教大家的，不是什麼理念，不是意識形態，也不是宗教信仰，只不過就是如何管理人生罷了。」可見，只要我們願意學習NLP，我們就能管好人生。尤其，我們還能**用NLP與人溝通，讓周圍的人變得更好**，何樂而不為？

2-2 學心理師般的親和感

參加喜宴時，大多數人會選擇和認識的人坐一起，為什麼？因為坐在一起的我們彼此熟悉，不需要特別社交。但，你也會發現一種情況，就是跟某人初次見面，聊沒多久，就覺得很談得來，彷彿認識許久，相見恨晚。

這是在說明，**人與人之間有種無形的力量，會讓彼此靠近**。這種可以吸引別人的能力，在NLP的領域，我們稱它為「**親和感**」。

NLP非常重視親和感。因為NLP發現，那些治療大師為何可以在很短的時間內，讓個案毫不保留地說出自己的問題，原因就在於，那些大師有很強的親和感。

其實，就算不用NLP來說明親和感，你也會發現，親和感早已存在我們的日常。有時去百貨公司買東西，你走進專櫃，明明想買這個專櫃的東西，可是不知何故，你就是不喜歡那位推銷的櫃員，於是你沒買任何東西就離開了。

但有時，你常跟某個專櫃的櫃員買東西，是因為你們很談得來。後來櫃員被調店，雖然距離比較遠，你還是會跑去找他買產品，只因你們投緣。這就是，存在生活裡的親和感。

親和感讓溝通更有力

NLP認為，人際溝通的第一步就是展現親和感，才能帶動後續的談話。但，我們要怎麼跟別人建立親和感？NLP發現，可以用以下三種方式營造親和感：

第一、模仿對方，可以營造親和感。

想像一下，當有人來找你討論事情，他站著你坐著，講了十分鐘，你會不會覺得不自在？此時，如果對方坐下來跟你談話，你會不會覺得舒服許多？這就是模仿。

美國有家精神病院，曾經以「如何讓精神病人願意跟你溝通」進行專題研究。研究指出，精神病人會把跟自己類似的人看作是自己人，然後與他們溝通。

這間精神病院，裡面住了一百多個精神病人。其中，有一位病人肯尼已經兩三天都沒有吃飯，就只是自己一個人靜靜地坐在角落，不願跟別人交流。

護士艾咪想了很多辦法，都沒能讓肯尼吃飯。院長聽說後，就說讓我試試看。

於是院長換了和肯尼一模一樣的衣服和帽子，選擇離肯尼不遠的角落坐下來。肯尼起身時，院長也跟著起身。肯尼把帽子摘下來時，院長也把帽子摘下來。總之，就是肯尼做什麼，院長也跟著做什麼。

經過一段時間，肯尼注意到眼前有個人跟自己一模一樣，於是走到院長的旁邊問：「你在做什麼？」

院長說：「不好意思，我在沉思，你呢？」肯尼回答：「我也在沉思啊。」就這樣，兩人你一言我一句，對話了起來。

這時，剛好晚餐的鈴聲響起，院長就說：「兄弟，我肚子餓了，我要去吃飯，你呢？」肯尼回說：「我也肚子餓了。」於是，兩個人就一前一後走進餐廳，用了晚餐。

當然，這是一個極為特殊的例子，但，這正是NLP強調的，「模仿，可以營造親和感。」

這道理就好像，情侶會穿情侶裝，他們走在一起時，步伐基本上會一致，會自然生成模仿的行為。去咖啡廳觀察談得很熱絡的兩個人，他們的肢體動作，也會做出相似的姿態，因為彼此親和。所以，只要與人談話時，不經意地模仿對方的動作或姿勢，就能主動帶給別人親和感。

NLP把模仿分為兩類：一種是吻合（Matching），做出跟對方一模一樣的動作，或是相同方向的姿態；另一種叫映現（Mirroring），把對方視為鏡中的自己，你跟他的動作剛好互相對稱。無論是吻合，還是映現，都能達到同樣的效果，不用拘泥。

但，我們在模仿別人時要特別小心，雖是刻意但要不著痕跡，不要表現出硬要模仿對方的樣子，反而會弄巧成拙。還有，不要對方一變換姿勢，你就跟著變換姿勢，要有時間差，以免突兀。另外，模仿的頻率不能太高，因為沒有人喜歡看自己的默劇。

第二、用鼓舞對方，來營造親和感。

我們與人溝通時，如果對方心不在焉，敷衍了事，你會不會覺得不舒服？甚至有些人在我們敘述事情時，還用狐疑的語氣問：「真的嗎？」這些，都是打破親和感的舉動。

反之，那些治療大師的接話方式，都是「嗯，你可以多說一點嗎？我好想聽。」「嗯，聽起來很有趣，後來怎麼了？」或用熱情的語調說：「真是太好了，你一定很開心吧！」這些都屬鼓舞，可以營造親和感，贏得對方好感。有時，個案本來沒有想講的心事，也會透過治療師的鼓舞而講出來。

我曾經聽過一個發生在美國的故事，一位在飛機上大難不死的人，回家後反而自殺了。

那天是耶誕節，一位先生從另一個城市搭飛機回家，要跟家人享用耶誕大餐。不料，他所搭乘的班機在航程中遇到了惡劣氣候，感覺飛機隨時會解體、甚至墜毀。空服員也告知乘客，請大家寫好遺囑，並協助放進一個特製的袋子裡。

經過大約一小時的提心吊膽後，很幸運的，經驗豐富的機長冷靜地讓飛機平安降落。當這位丈夫回到家，覺得自己死裡逃生，於是興高采烈地對妻子和孩子，描述在飛機上遇到的事情。

當時，他的妻子正忙著跟離家許久、久未見面的孩子聊天，沒專心聽丈夫說話。另一個孩子也對爸爸所說的不感興趣，眼睛直盯著餐桌旁的電視畫面。這位先生說了好一會兒，發現家人都沒反應。他的心情跌到谷底，與劫後餘生回到家的喜悅，有著強烈的反差。後來，就在他的妻子準備蛋糕時，他爬上住家頂樓往下一跳，結束了自己的生命。

或許，當別人說話時，你忽視他，對他所言毫不在意，沒能跟對方同步，對他來說，是一個打擊。

第三、把選擇權交給對方，來營造親和感。

如果，治療師對個案是這樣說話的，「我不是告訴你，不要再這樣繼續下去了，你怎麼聽不懂我說的話呢？趕快跟他斷絕關係！」這種語氣既沒有親和感，也讓個案不自在。

同樣的，主管想知道為何業務的業績沒達標？主管說：「你的業績怎麼這麼差，你是怎麼賣的？下個月給我補回來！」當業務聽到主管這樣說，心情怎麼會好，這也是沒有親和感的表現。

NLP發現，那些治療大師在跟個案溝通時，他們會這樣說：「我想你還會跟他在一起，應該有你的原因，你可以說說自己的看法，這樣我比較能理解，好嗎？」

聽完後，他們的回話方式也會是，「你說的有道理，有些人也會這樣做，你要不要也聽聽我的想法，我們可以一起討論如何面對。」把選擇權交給對方，比較能建立親和感。

可見，主管想要知道業務的業績如何補足，可以這樣說：「你過去的表現一直都很好，是不是最近遇到了困難？要不要提出來，看我可以怎麼幫你？」這種對話方式，可以讓部屬安心，願意說出實情。

如何在最短時間獲得好感

NLP相信，談話時有無親和感，很大程度決定了溝通效果。

一位員警是查案高手，只要是年輕警察無法處理的棘手案子，他都能輕鬆搞定。原因是，年輕警察在審問嫌犯時，通常都會厲聲嚴詞，「我們已經掌握你的犯罪證據，趕快給我從實招來。」

此時，老油條的嫌犯就會回：「既然你已經掌握了犯罪證據，幹嘛還問我。」之後，只要嫌犯沉默不語，年輕警察就對他們沒轍。

但查案高手就不同了，他會先問嫌犯，「抽菸嗎？」然後替嫌犯點上一支菸，他自己也抽上一支。就在兩人吞雲吐霧之間，他開始和嫌犯聊妻兒老小、興趣嗜好，或是聽嫌犯發牢騷。如果，嫌犯談到小孩時眼睛發亮，查案高手就會說：「聽起來你是個很顧家的人，一定很愛你的孩子，對吧！你看起來真的不像壞人，一定有什麼不得已的苦衷，要不要跟我說說，我聽看看有沒有可以幫上忙的地方。」一舉突破嫌犯的心防。

可見，親和感可以幫助我們在最短時間，讓對方產生一見如故的感覺，以利雙方後續的談話。所以，只要大家未來溝通時，**像心理師一樣**，**模仿對方**、**鼓舞對方**、**把選擇權交給對方**，**來多多營造親和感**，這樣你將會更受人歡迎，得人好感。

2-3 NLP的七個「溝通假設前提」

NLP神經語言學有許多的「假設前提」，可以幫助我們對事物產生新的看法，造就新的思考模式，也可以幫助我們在溝通時，建立良好心態，和顏悅色與他人溝通。

假設前提有點像心靈基石，它**不強調「真假」，比較重視「成果」**，你只要相信和應用它，就會影響你的待人接物和處事原則，我們的生命將會變得更有趣、更美好且更豐溢。

以下有七個NLP的溝通假設前提，如果我們把它當成座右銘，時時刻刻提醒自己，它一定會讓你的溝通能力更上層樓。

假設前提一、沒有兩個人是一樣的

NLP強調，沒有兩個人是一樣的，哪怕是雙胞胎，也會有不同的經歷。

有位心理學家在監獄裡研究重刑犯，想了解這些人的思維，好找出預防犯罪的方法。其中有位重刑犯對心理學家說：「我爸爸是殺人犯，媽媽長年吸毒，我生長在這樣的家庭，耳濡目染，言行當然乖戾。」

奇怪的是，這位重刑犯的雙胞胎哥哥是位律師，不但從未犯罪，還常義務到學校演講，分享做人的道理。

於是，心理學家帶著好奇心去採訪重刑犯的哥哥，他哥哥說：「我爸爸是殺人犯，媽媽長年吸毒，我生長在這樣的家庭，體悟到了一件事，那就是我要努力向上，不要重蹈爸媽的覆轍。」

由此可見，就算是雙胞胎，對事情的看法，也會南轅北轍。這提醒了我們，對同一件事，別人的看法和你不一樣，是再正常不過了。

職場討論議題時，有些人只要聽到有人反對他的提案，便會擺臭臉，告訴對方你怎麼這麼笨，連這個都不懂。此時你會看見，提出反對意見的人會更加的反對，甚至加入情緒，導致會議變成戰場。

倘若在溝通時，我們能夠運用NLP的這句假設前提，沒有兩個人是一樣的，對方跟我的觀點不同很正常，我們就會尊重他人的不同之處，思考他為何會這樣說，溝通自然能換位，不致產生衝突。

假設前提二、你看到的世界，並非是真實的

我們看到的世界，是根據自己過往的經驗所建構出來。同樣是一杯加了鹽巴的水，有人喝了覺得鹹，但有人會覺得淡。所以，我們看到的世界，跟別人所在的世界，其實很不一樣。

如果你在路上看到有個女生流眼淚，可能會覺得她碰到什麼傷心事而落淚。但也許，對

方只是因為隱形眼鏡戴久了不舒服，所以流眼淚。也就是說，**每個人的世界都非常主觀，我們都是以自己的視角來看周遭**，所以，有時你看到的世界，未必是真實的。

有了這樣的認知，當對方與我們的意見相左時，我們要啟動理解開關，聆聽對方的世界到底是怎麼一回事。

以買車為例，有人會買雙門跑車，因為他要拉風酷炫。也有人會選擇七人休旅，因為他想要假日帶著一家老小去度假。如果你對買七人休旅車的人說，車子應該很耗油吧，你就是不了解他的內心世界。

再舉個例子，當有人哭著對你說，她養了很久的貓死了，此時你對她說：「不過是一隻貓罷了，再領養一隻就好！」對方一定會覺得你這個人很沒有同情心。

但，如果你能尊重她的內心世界，思考為什麼貓死了，她會哭得這麼傷心？你才可能用同理語言去安慰她。

所以溝通時，我們必須先尊重別人的世界，才會有良性的互動。

假設前提三、每個人都會選擇對自己最有利的行為

NLP認為，人做任何事，都是為了滿足自己的需要。

舉例來說，我們都知道喝酒對身體不好，可是為何有人下班要去小酌？因為他們想要放

鬆，藉酒紓解上班壓力，所以選擇去喝酒。這時如果你告訴他，你不認同喝酒這件事，而且藉酒澆愁愁更愁，酒會傷身腦中風，他就會覺得你很不上道。

同理，如果你在路上遇到開快車超你車，而差點擦撞到你的人，你當然可以跟他硬拚，但下場可能會兩敗俱傷。此時你可以幫他找動機，為何他要這樣做？比如，太太要生了、家中有急事、老闆奪命連環叩，他超你車是想趕緊去處理這些事。當我們能諒解他人的行為時，我們就不會隨之起舞，讓自己的情緒波動。

當然有些人的行為不見得容於常理，但只要我們抱持，對方只是選擇對自己有利的行為而已，那是他的事，我沒必要跟他一般見識。這樣你會多一點淡定，多一點氣度。

假設前提四、一個人不能改變另外一個人

一個人不能改變另外一個人，因為改變之門在對方身上，他聽不聽得進我們所說，願不願意把門打開，都在於他自己。

《腦革命——心靈研究的前線》的作者瑪麗琳．弗格森（Marilyn Feguson）說：「誰也無法說服他人改變，我們每個人都守著一扇只能從內開啟的改變之門，不論動之以情或說之以理，我們都不能替別人開門。」

有時，我們生氣起來會對別人說：「你為什麼老是講不聽？」但，為何對方老是不聽？因

為對方根本不覺得他有問題，所以為什麼要聽。可見得，我們要把自己的想法，硬生生地讓別人接受，基本上是有難度的。

其實，所有的改變都是先「自我覺察」，這個階段也是最難的，因為人通常不會承認自己有問題，有問題的都是別人。接著，他要接納自己，接受自己有所不足，才可能讓自己更好。

所以溝通時，我們必須時刻思考，怎麼說，會讓對方比較願意聽進去？有此體認，我們才可能透過語言，讓他願意開門，進而自行改變。

假設前提五、彈性是力量

NLP神經語言學強調，彈性會產生力量，彈性能增加個人的靈活度，開創更多的可能性。也就是，一個人如果遇到事情，只有一種選擇，他其實是沒有選擇的。如果只有兩種選擇，他會左右為難。如果有三種選擇，才算真正有選擇，因為他可以選擇最好的方式來處理事情。

舉例來說，有人在背後說你壞話被你知道，當你只有一種選擇——你可能會選擇生氣。如果你有兩種選擇——你可以選擇生氣，或一笑置之。可是，如果你有許多選擇——比如生氣、聽聽就好、是不是有什麼誤會，這樣，你會更有彈性面對這件事。

人生一切的成果，都來自於選擇。彈性越大的人選擇越多，他們不會墨守成規，遇事能轉進，所以，彈性是力量。

假設前提六、有用比真實重要

電影《瀑布》中飾演媽媽的賈靜雯，因壓力造成思覺失調，某天在家煮東西時，不慎引起火災，被送至醫院後轉入精神科治療。醫師告訴劇中賈靜雯的女兒小靜，要多陪媽媽，按時吃藥，最重要的是，要理解媽媽。

小靜問：「我要怎麼理解她？」醫師告訴小靜：「不要一直否定媽媽，多站在媽媽的角度，改變彼此相處的方式。」

某天，媽媽在客廳用掃把敲家裡的大門，小靜問媽媽：「妳在做什麼？」媽媽害怕地說：「門外有衛兵。」一般人如果聽到媽媽這樣說，大概會覺得她瘋了。

但小靜想起醫師的話，要理解媽媽。所以，她認真地問媽媽：「他們（衛兵）在外面幹嘛？」媽媽煞有其事回答：「他們在門口監視我們。」於是小靜又問媽媽：「你說的衛兵是站著不動？還是巡邏的那種？」媽媽回：「是站著的。」

後來，小靜跑到門外，假裝對門口的衛兵破口大罵並趕走他們，媽媽才安靜了下來。「有用，比真實重要」。有時，**強調對不對不重要，理解最重要**。

假設前提七、從回應，得到意義

愛因斯坦說：「什麼叫瘋子？就是重複做同樣的事，卻期待出現不同的結果。」但，有時我們真的會看到，有些人的溝通沒有達到效果，可是他卻還是一如既往，堅持自己的溝通方式，他們不正是愛因斯坦所說的人嗎！

所以NLP強調，要從回應得到意義。如果溝通能順利結果，當然最好，如果沒有，也不需氣餒，因為它讓我們發現，我們與這個人有「**溝通短路**」，換條路就好。

生活中，如果你開車準備去一個地方卻開錯了路，這並不代表你永遠到不了目的地，你只是學到開錯的那條路不能到達而已。接下來的時間，你一定會想盡辦法，找到可以到達目的地的另一條路。

同樣的道理，如果我們暫時無法跟某人溝通成功，或許是當時的我們溝通技巧不夠好，造成此路不通。**我們可以從「有溝沒有通」的路中，反思自己下次有哪些地方可以做得更好？**這樣將能幫助我們成長，長久下來，我們的溝通能力一定會越來越好。

在NLP發展的這半世紀，「假設前提」其實增加了許多，但有些傳統的假設前提，好比以上七條，仍然被保存，它們是真金，不怕火煉。所以，只要溝通時，運用這些假設前提，虛懷若谷，不設立場，相信與你談過話的人，都會覺得你溫文儒雅，想多跟你靠近。

第2部

L.E.A.D.
溝通系統

第1部　溝通的力量

- 我們都會說，為何還要學？
- 用L.E.A.D.才能LEAD

第2部　L.E.A.D.溝通系統

Listen 傾聽 打開領導大門

⬇你將會學到
- 積極傾聽，使對方願意多說
- 與對方意見不同時的回應法
- 能建立自己的傾聽系統

Empathy 同理 企業成功關鍵

⬇你將會學到
- 能處理沒說出口的情緒
- 落實同理心文化的策略
- 與人連結的同理技巧

Ask 提問 躋身頂尖教練

⬇你將會學到
- 用提問創造組織的績效
- 用提問讓對方自行改變
- 用提問找回遺失的訊息

Direct 指導 建立長久關係

⬇你將會學到
- 讓人欣然接受你的真話
- 讚美與肯定的技巧
- 有效回饋的方法

第3部　打造L.E.A.D.團隊

- 如何帶出L.E.A.D.團隊
- 溝通時，要先有「覺察力」

第三章
傾聽Listen，打開領導大門

一九九七年，紐約大學心理學教授亞瑟．艾隆（Arthur Aron）發表「人際親密感理論」，其中包含一個實驗：他把兩個不認識的學生分在同一組，讓他們互相問對方三十六個問題。這三十六個問題分為三大類，每一類的問題都被設計成可以到達被問者內心更深、更柔軟的地方。

亞瑟指出，兩人之間可以產生緊密關係的要素，來自雙方穩固且漸進的自我揭露。只要對方在回答問題時做好傾聽，不要打斷對方，就可以讓兩個陌生人的親密度大幅增加。

第一大類是一些想法和願望的問題，例如：

你希望自己出名嗎？希望自己以什麼方式出名？

如果你能改變你成長過程中的任何一件事，你會想改變什麼？

你最感激的事情是什麼？

第二大類是深入了解內心渴望、價值觀和意義的問題，例如：

你人生中最珍惜的是哪一段回憶？

有沒有什麼事情是你夢寐以求想做的？為何你沒去做？

你覺得自己與媽媽的關係如何？

第三大類是偏個人隱私的問題，例如：

對你而言，哪些事情不能開玩笑？

你上一次在別人面前哭泣是什麼時候？還是你通常自己一個人哭？

如果你今晚就會死，沒機會與任何人溝通，你最後悔沒和誰說什麼話？為什麼這些話你不及早對他說？

問完這三十六個問題後，彼此注視四分鐘，不說話。

經過這樣的問答，實驗者都表示跟對方產生強烈的親密感，甚至還有人因此結為夫妻。可見與人溝通，只要專注傾聽，就能讓對方卸下心防，連結彼此。

既然傾聽這麼重要，但為何「聽」，這麼難？

3-1 為何「聽」會這麼難

美國第三十任總統卡爾文．柯立芝（Calvin Coolidge）曾說過：「從來沒有人因為傾聽過頭，而丟了工作。」意思是藉由傾聽，我們才能好好地理解他人，甚至是同理他人。所以不管在家裡，朋友之間，還是公司裡面，成功的談話都少不了傾聽。

既然傾聽這麼重要，那為何在溝通時，我們卻常「不聽」？原因有以下三點：

人們「不聽」的原因

一、習慣使然

學校裡有大眾傳播系，卻少有「專心聆聽系」。你可以加入辯論社鍛鍊說話技巧，卻沒有「傾聽社」教導人們認知傾聽。企業也是，職場工作者被要求參加表達和簡報的課程，卻鮮少有企業願意花一整天，讓員工學習如何傾聽。

尤其現在手機普及，搜尋引擎方便，有時在社交場合上雙方談話產生分歧，就會看見有些人，拿出手機請出谷歌大神來打臉對方。先不論搜尋出來的資訊是否正確，光是拿手機這個動作，就讓人不舒服。

其實，所謂的**傾聽，不是只有聽別人在說什麼，也包括留意別人怎麼說，說話時的動作**

和表情。傾聽後我們如何回應對方，能不能引導別人清楚表達他的想法，都是傾聽的一部分。

有鑑於此，二〇一六年底，臉書執行長馬克．佐克伯，像往年一樣設下年度目標，他在自己的臉書寫道：「我的工作是連結世界，讓每個人都可以發聲，二〇一七年我想要聽到更多人的聲音。」過往，他的年度目標有學中文、只吃自己殺的肉、每週讀一本書等等。

「我希望走出去，和更多人討論他們的生活和工作，以及對未來的想法。近幾十年，科技讓我們變得更有生產力，但也讓許多人的生活變得更為困難，人與人無法緊密連結。這種『疏離感』比我過去經歷的都還要多，所以我必須改變，要走出去傾聽用戶的需求和問題。」於是佐克伯派了一個團隊到全美各地，尋找適當的人跟他談話。

之後，佐克伯每到一個現場，旁邊都會有工作人員負責捕捉他正在傾聽的畫面，當然這些照片，後來都貼在他個人的臉書上。

這個計畫一體兩面，正面看待，佐克伯把傾聽視為挑戰，因為對大多數人而言，尤其是位高權重的人，傾聽是件難事。反面視之，他以為事先安排的傾聽，就等於實際的傾聽，事實上他可能會因為拍攝需要，而故做姿態假裝在聽。

你或許有遇過，把傾聽當做表演的人。他們會裝出傾聽的樣子，認真的點頭，眼神卻放空。有時他們會發出一些「嗯哼、嗯哼」的聲音，他們認為這種聲音是在告訴你，他聽進去了。可是你卻感覺不出對方是在理解你，反而像在敷衍你。

可見傾聽很難。**「傾聽」要打開身上所有的感官，去感受、去觀察、去接收，放下成見，專注地聽。**

二、自以為是

美國知名作家馬克．吐溫（Mark Twain）有次演講結束回家後，他老婆問他，「講得如何？」馬克．吐溫笑笑回說：「你要問哪個版本？我嘴巴說出去的版本，還是台下聽眾接收到的版本？」這個幽默恰巧點出，**我們說出口的，跟別人聽到的，常有所不同。**

台積電創辦人張忠謀曾經說過，「常常有人問我成功的原因為何？我想我『收訊』的能力已培養了很多年。」他認為，一個人的學問及本領要發揮到最終效率，要靠溝通，而溝通分為「發訊者」和「收訊者」。

「發訊者」將訊息傳遞出去給「收訊者」，「收訊者」收到訊息後再回饋給「發訊者」，是一個雙向的循環。

「發訊者」要對訊息本身做徹底的研究，這個過程沒有替代品。「發訊者」如果對訊息不了解就大放厥詞，很多時候會被別人反駁，或是不攻自破。

然而張忠謀為何會說，他事業成功的關鍵在於「收訊」？

因為我們每一分鐘只能聽到一百二十五到四百個字，但腦袋卻可以思考一千到三千個字。所以，我們在聽的時候，常常在想別的事。

「聽」的古字更傳神，由耳朵、心與德（有得到、獲得的意思）所組成。原意是聽到聲音，理解於心，而有所得。從字形就知，用心聽，和只用耳朵聽，差別很大。

許多插話或打斷別人說話的人都以為，自己知道對方接下來要講什麼，所以當對方話都還沒說完，就會接別人的話，以為自己很聰明。可是通常有百分之九十的機率，你的以為都是錯的。所以打斷別人說話不僅失禮，對打斷者也非常不利，因為你會因此無法接收到正確的訊息。

所以張忠謀才強調，**好的「收訊者」必須全神貫注地聽，不打斷別人，還要去掉自己主觀的包袱。**

三、好為人師

《孟子》離婁章句上，第二十三章說：「人之患，在好為人師。」意即一個人最大的毛病，就是喜歡做別人的老師。

這句話的意思並不是說當老師不好，而是對方沒有問你，就自動開啟話癆模式，不管對方願不願意聽，就用自己的經驗給人忠告或是給予告誡，造成說者口沫橫飛，聽者呵欠連連，讓人徒生厭惡。

在企業講授溝通課程時，我會帶領學員討論一個「電車難題」。這個折磨人的議題，是著名的道德兩難問題，改編自一九六七年英國哲學家菲利帕・福特（Philippa Foot）所提出的倫理學思想實驗。

我設計的題目為：

一列行駛中的火車，正要經過有五個小孩在附近玩耍的軌道，眼看這五個孩子就要被火車撞上。剛好站在分軌器旁邊的你，只要按下開關，火車就會從另外一個軌道駛去，你會救了五位孩子。

不幸的是，另外一條軌道上還有一個小朋友在玩耍，將會因你按下按鈕而受到波及，你會因此間接傷害到他。

請問，你會選擇按還是不按開關，為什麼？

根據我這些年的帶課經驗，大部分人都會選擇按下開關，讓火車離開原本的軌道，理由通常是，犧牲一個人總比五個人好。此時會有人據理力爭，為何那個孩子要為另外五個人犧牲？這個選擇其實很令人糾結，所以我的重點不在辯論，而是練習傾聽。

在課堂上，我要求所有人必須做出選擇，並說出自己的主張，而且小組成員不得出聲打斷。就算不認同對方，也不得露出不屑表情，務必表現出很喜歡聽對方說話的態度。當對方說完，不能就對方的言論提出反駁，也不要嘗試當老師說教，聽完就好。

許多學員課後都告訴我，他已經很久沒有這麼受到別人重視了。原來**只要單純聆聽，就能讓對方倍感尊重，得著安慰**。

了解人們不聽的原因後，不重蹈覆轍，傾聽就容易多了。

真正的傾聽讓人願意傾訴

二〇二三年，由前美國總統巴拉克．歐巴馬（Barack Obama）和他的夫人蜜雪兒．歐巴馬（Michelle Obama）聯手監製的紀錄片《我工作故我在》，在Netflix播出。歐巴馬親自為這部影片錄製旁白，也擔任演員，粉墨登場。

這部紀錄片帶我們探究，在瞬息萬變的時代，美國人如何看待工作。比如工作時有哪些事情讓你開心？追求目標的動力何來？什麼樣的工作才算是好工作？

歐巴馬為何會對這個議題感興趣？原因是歐巴馬念大學時，曾拜讀獲普立茲獎、筆名斯塔茲（Studs）的作家路易斯．特克爾（Louis Terkel），於一九七四年出版的《Working》一書，並深受啟發。

書裡記載斯塔茲與市井小民的對話，從垃圾清潔人員、挖墳人，到理髮師都有。這本書獲得極大迴響，也改編成百老匯音樂劇。作者斯塔茲過世時，《紐約時報》更稱他為「美國人的傾聽者」。

斯塔茲說，他在訪談時，只會問對方問題，然後靜靜地聽他們說，並用錄音機把對話錄下來。斯塔茲表示，「每個人都有我們可以學習的地方。我這一行的工具，表面上是錄音機，但骨子裡其實是好奇心。」「對方因為你安靜傾聽，感受到你的尊重，也因為你尊重他們，他們更願意對你傾訴一切。」

不知道大家有沒有這樣的經驗，當你在跟別人說一件事情時，對方卻一點興趣也沒有，三不五時還東張西望。你看到對方的表情，就會開始想，是否你的談話內容沒有吸引力。也由於對方一直沒在聽，很快地逼使你停下來，草草結束談話。

所以**真正的傾聽是要鼓舞他人說話，向對方證明你很在乎這次談話，很想知道他們內心真實想法的一種行為表現**。只要在溝通中展現這種行為，傾聽自然水到渠成。

小試身手

1. 傾聽時，打開身上所有的感官，感受、觀察、接收，並養成習慣。
2. 傾聽時，像張忠謀先生一樣，練習做一個好的收訊者。
3. 傾聽時，保持好奇心，不要一開始就想當別人的老師。

3-2 聽，有三種層次

知名的心理學家丹尼斯．魏特利（Denis Waitley）博士，在他的經典暢銷書《樂在工作》中提到，許多人在職場上感覺到自己不受重視，有很大的原因在於，自己的想法或是意見沒有被主管聽到。

如果職場沒有傾聽的氛圍，員工就會出現以下狀況：覺得自己微不足道，說的話沒人聽，做得好沒人知道，因此對工作產生倦怠。而這種倦怠感，會讓員工喪失對公司的向心力，久了也會失去工作活力。

當員工失去工作活力後，生產力就會跟著下降，乾脆過一天算一天，數饅頭過日子，也越發不重視自己的工作和發表意見。

在職場上，要讓員工覺得公司重視他們，最簡單的方法就是，溝通時主管先耐心傾聽，把員工的想法和需要擺在自己的意見之前，聽完後再行討論或指示。

「兼聽則明，偏信則暗。」上位者多聽各方面意見，才能明辨是非；若只信任單方面說詞，常黑白不鑑。

個人認為，人際困擾或是組織嫌隙，都是因為沒有把對方的話聽清楚，或是曲解別人意思所致。所以，為了要明白他人所言，我們必須在溝通時多傾聽，鼓勵對方暢所欲言，深入了解，才能真正聽懂。

那我們要如何傾聽？

傾聽可以分成三種層次：一種是「完全不傾聽」，另一種是「一般性傾聽」，最後一種是「積極性傾聽」。

一、避免「完全不傾聽」

《MIT最打動人心的溝通課》作者夏恩博士（Edgar H. Schein），在書中曾講述一個他在史隆管理學院，教導企業主管在職專班時，有位同學發生的故事。

這位同學因為要準備一項很重要的金融考試，所以在家中地下室閉關，也特別叮嚀才六歲的女兒，不要來吵他。就在他好不容易靜下心全力讀書時，他的女兒來敲門了，於是他拉高嗓門，「我不是告訴妳，不要吵我嗎？」結果他女兒一聽到爸爸這麼大聲跟她說話，就哭著跑掉了。

隔天早上，他的妻子指責他，「為什麼昨天晚上亂罵女兒？」他頓時覺得無辜，極力辯解。結果妻子打斷他說：「昨天晚上是我叫女兒去跟你說晚安的，順便請她問你，需不需要咖啡提神？你為什麼不先問清楚就吼她呢？」

職場上，我們也會面臨類似的狀況。我們剛好在忙，卻有人來請求幫忙，我們也會露出不耐煩，或是不高興的表情。面對這種情況，我們要如何自處？答案其實很簡單，那就是先暫停工作十秒鐘，然後優雅地告知對方你在忙，請他之後再來即可。

二、一般性傾聽，讓對方感到被重視

不知大家有沒有這樣的經驗，當你在跟別人說一件事情時，對方卻兩眼放空，或是皮笑肉不笑。這都是因為對方在聆聽時，沒有適度地開口跟你互動。

所以，我們可以在聽對方說話時，三不五時附和認同，多用「然後呢？」「結果呢？」「接下來呢？」「我喜歡你這個觀點。」「我很欣賞你提出的角度。」讓對方知道你有在聽。

這種傾聽方式稱作「一般性傾聽」，會讓對方感到被重視。

舉例來說，一位部屬跟主管反應自己目前的專案壓力：

小雪：「主管，我覺得這次的專案挑戰有點大。」

主管放下手邊的工作說：「嗯嗯，這次的專案是有點挑戰性，有需要我協助的地方嗎？」

小雪：「我和行銷部的同事溝通上有點問題，公關活動的場地一直無法達成共識。」

主管眼神溫暖地說：「是喔！場地確實需要兩造雙方達成共識，才能進行下一步。接下來我們可以做什麼？」

小雪：「我想召開會議邀請您和對方主管一起參加，請您幫我協調一下，好嗎？」

主管點頭微笑地說：「我很欣賞你的想法，請你發信給大家，我再來邀請對方主管參加。」

小雪的主管在談話過程中，做到專注聆聽，適時地回應和點頭附和，讓小雪感受到主管重視此事，也會積極任事。

三、積極性傾聽，讓對方願意說

積極性傾聽是除了做到「一般性傾聽」外，還可以多問一些問題，加上聲調語調的變化，偶爾把談話的重點記錄下來，讓對方知道你很喜歡聽他說話。

名脫口秀節目主持人賴利・金（Larry King），有次訪問一位曾經在二戰中擊落七架德國飛機的英雄。他先問這位來賓：「為什麼想做飛行員？」

結果這位仁兄因為太緊張，只回答：「我不知道。」

「那麼你一定很喜歡飛行囉？」「嗯。」

「那你為什麼會喜歡飛行呢？」「我不知道。」

接下來的幾個問題，這位老兄的回答都很簡短。幾分鐘之後，事先準備的問題都已經問完，但節目還有五十分鐘要錄。

賴利・金心想，要趕緊讓這位仁兄放鬆下來。於是他提出一個假設問題：「如果現在飛來五架敵機，剛好你的飛機停在電台旁邊，你會立刻起身迎戰嗎？」受訪者說：「當然會啊。」

「那你會緊張嗎？」「當然不會！」

「那你可以跟我們說說，你會怎麼做嗎？」

講到飛機實戰，這位仁兄彷彿變了一個人，開始滔滔不絕，也讓節目得以順利進行。所以要如何使對方言無不盡，只要多問問題就可以了。

另外在傾聽時，可以把談話重點記錄下來，因為好記性不如爛筆頭。記錄除了幫助記憶，也會讓對方倍感尊重。一些發表會或是記者會，台下的觀眾或是記者，都會時不時地做記錄。就算沒紙筆或電腦，他們也會用手機錄音，以利事後整理。

我們可以記錄一些關鍵字句，像是人、事、時、地、物、如何？為何……等等。這樣方便我們在談話最後，根據記錄做總結，也可偶爾覆述對方重點，讓彼此聚焦。

提供對方「心理上的空氣」

以剛才小雪與主管的對話為例：

小雪：「主管，我覺得這次的專案挑戰有點大。」

主管身體稍微前傾說：「是喔，有碰到什麼問題嗎？」

小雪：「我和行銷部的同事溝通上有點問題，公關活動的場地一直無法達成共識。」

主管點頭說：「嗯嗯，活動日快到了，如果場地一直都還未定案，我相信你一定很著急，有什麼我可以幫忙的地方？」一邊拿起紙筆準備記錄。

小雪：「我想召開會議，能請您幫我協調一下嗎？」

主管熱情地回說：「當然可以啊！你發信給大家就說是我交辦的。還有什麼是我可以協助你的？」

小雪：「謝謝你的幫忙，讓我放鬆了不少。還有一件事就是，活動的嘉賓還差一位，我也會在會議中提出，請主管一併裁奪。」

主管微笑說：「放心，沒有問題。我也給你幾個口袋名單，你參考看看。」

從上述對話中你會發現，小雪的主管在談話過程中展現「積極性傾聽」，除了讓部屬安心，部屬也願意說更多，如此一來更容易聚焦，達成共識。

史蒂芬·柯維（Stephen Covey）在他的著作《與成功有約》中講過一個故事。

有個父親抱怨：「我真搞不懂我的兒子，因為他從來不肯聽我說話。」

「你是說因為你的孩子不肯聽你說話，所以你不了解他？」史蒂芬·柯維對這位父親說：「難道你想了解一個人，不是你聽他說，而是要他聽你說？」這位父親才恍然大悟。

史蒂芬·柯維說，人沒有了空氣就無法生存，這是人的基本需求。當基本需求被滿足後，我們就會生出一種渴望，叫精神上的需要。需要什麼？需要被重視與被肯定。

而**積極傾聽別人說話**，**就可以提供對方「心理上的空氣」**。只要做好傾聽，時不時地鼓勵對方，多問一些問題，把談話重點記錄下來，我們就會讓對方知道你有在聽，成為一位溝通的造局者。

小試身手

1. 當你在忙時，有人找你談話，可以怎麼回應？
2. 傾聽時，可用哪些語句接話，讓對方暢所欲言？
3. 溝通中，要用紙筆記錄哪些關鍵，可用在談話結束前聚焦？

3-3 傾聽的回應技巧

在企業講授溝通課程時，許多學員會問我，他們都知道與他人溝通時要專心聆聽，但因為事情多，有時難免恍神。有沒有什麼方法，可以幫助他們改善這種不專注的傾聽行為。

此時，我都會推薦他們美國心理學教授傑拉德．艾根（Gerard Egan），在他的著作《助人歷程與技巧》中所提出的「SOLER」技巧，一種用於有效溝通的非語言技巧，特別適用於輔導和協助他人上。

「SOLER」非語言技巧

SOLER分別代表五個要素，由於我們主要是用在人際溝通上，所以我在SOLER的基礎上，進行了延伸。

S是Squarely，意思是要「面向對方」。

當我們身體直接面向對方時，代表當下這個時間點，我們全心與對方在一起，對他的說話內容感興趣。如果你不確定自己是否正確面向對方，只要做到你的肚臍朝向對方即可。

面向對方時，彼此要有一個適當的空間，不能太靠近，以免給人壓迫感。如果你覺得面對面很不自在，也可以與對方成九十度角，類似打麻將時，上家跟下家的坐法。

O是Open，要採取「開放姿態」。

我們在跟別人溝通時，有時會下意識地將兩隻手臂交叉擺在胸前，除非你覺得冷，不然這種姿勢容易讓對方覺得我們是在防備；相反的，如果我們在溝通時雙肩下垂，兩手自然擺放，或是坐著時雙手擺在桌上，讓他人看見，對方會覺得我們敞開心胸。

「開放姿態」也代表不要看手機，不要常看手錶。在別人談話時看手機是失禮的行為，讓人覺得他的話沒辦法吸引人，你才會分心。至於看手錶則會讓對方覺得你不尊重他，好像聽他說話是在浪費時間。開放姿態的最高境界，是克制自己不打斷對方，讓對方把話說完。

舉例來說，我的車子無論是保養還是維修，都固定去同一家保養廠。每次接待我的服務人員，總是等我把話說完才搭話，即使是不同的接待人員，也都表現出從不搶話的行為。

我很好奇，這些服務人員是怎麼辦到的？於是請教保養廠的經理。經理說，很簡單，只要觀察客戶的話好像講完後，他們會先在心裡默數「一、二、三」，確認客戶真的沒話要說，服務人員才會回話，這樣就能確保客戶已經說完他想說的。有趣的是，讓客戶暢所欲言後，對他們的服務通常會給十分滿意。

L是Lean，就是「身體自然前傾」。

與人溝通時身體可以微微前傾，代表我對你所說的有興趣，也讓對方覺得你在意這次的談話。

這裡講的前傾，是適當的前傾，不要太過，以免嚇到對方。你可以根據談話內容，適度地變換姿勢，如果你覺得一直前傾很不舒服，偶爾向後傾也沒關係，前提是不要讓自己一直動來動去。

E是Eye Contact，用「眼神交流」。

溝通時，我們可以柔和地看著對方眼睛，讓對方覺得他真的是在對人說話。當然這不是指要死盯著對方眼睛，可以偶爾自然地轉換看不同部位，只要不帶猥褻，或是眼神空洞無神，都是可以被接受的。

如果你覺得一直看著對方的雙眼會不自在，偶爾可看對方的眉心，效果也一樣。

R是Relaxed，「保持輕鬆」。

我們跟人說話時，如果一副心事重重的樣子，對方會感到不安。如果你有情緒，對方也會不舒服，所以溝通時，最好放鬆心情再與人溝通。如果你當下很難轉換情緒，可以先伸展身體，深呼吸幾次，或是看看可以讓你放鬆的圖片或影片，這些都有利於溝通的進行。

我們保持輕鬆，也有助於對方放鬆。舉例來說，有人告訴你，他在辦公室遇到不斷刁難他的主管，因此很沮喪、心情不好，此時你會怎麼回應？

你可以對他曉以大義：「哎呀，你的主管只是想要磨練你，你想太多了，工作不就是這樣嗎！」你覺得他聽完你的大道理，心情會比較好嗎？當然不會，因為你完全沒有幫上忙，只是在數落他而已。

但如果你先讓他深呼吸，動動身子，然後對他說：「如果我是你，我也會滿不好受的。」這樣一來，雖然問題暫時還沒解決，但對方的心情一定會比較舒坦，至少會好過些，不會那麼緊繃。

基本上「SOLER技巧」，展現的是一種專注行為，代表我們願意傾聽他人，對他人感興趣，是建立關係的重要基石。大家不妨在溝通時，使用這個技術，提升人際的好感度。

意見不合時怎麼辦？

通常傾聽技巧講到這裡，有些同學會舉一反三，「老師，我們已經知道傾聽很重要，但有時對方和我們的意見不同，應該如何回應，才不會傷了和氣？」

美國著名的人際溝通大師，戴爾·卡內基（Dale Carnegie）曾說：「如果你是對的，要試著用溫和的方式讓對方同意你，這比爭辯來得有效和有趣得多。」因為人天生不喜歡被否定，如果溝通時你常去打臉對方，就算當下贏了，證明別人說的都是錯的，也只是短暫贏了面子。對方若因此不舒服，產生怨懟與你交惡，就得不償失了。

所以職場上意見不合時，要先努力了解別人與自己的衝突點何在，而不是努力去否定對方，說對方的不是。

例如，行銷部陳經理提出一個企劃案，業務部的葉副理聽完簡報，隨口問了一句：「為什麼是先從南部推廣，而不是從北部開始？」「葉副理，這個你就不懂了，從南部開始當然是有原因的！我來解釋給你聽。」陳經理後來在說明時，葉副理不斷提出質疑，場面一度火爆。

你會發現，陳經理的回話方式，不但否定對方，還有輕蔑的態度在裡面，難怪葉副理無法接受，火力全開。

傾聽認同法則三個步驟

那麼職場上遇到這種情況，我們該如何表達，才能讓對方願意聆聽並接受我們的想法？這時候，「傾聽認同法則」三步驟便可以派上用場。

第一步、間接認同

溝通時，如果對方的觀點跟你相同，通常我們會直接認同，「你的方案很好，我的想法和你一樣。」以此表示認可對方。但如果觀點跟你不一樣，或是對方提出疑問，就算你不認同，也不需要唱反調，此時可使用「間接認同」，表達尊重。

我們可說：「沒錯，我以前也是這麼想的。」「沒錯，有些人也是這麼認為。」「我覺得你這個問題很重要。」以此表達你的理解。對方得到認同後，會比較願意聆聽你接下來的說法。

第二步、轉折用語

當對方願意聽，我們也準備說出自己的想法時，常會用「但是」或「可是」來銜接上下語句，這類的用語叫做轉折用語。

只是人們一聽到「但是」或「可是」，會自然升起防衛心，因為此時都是對方要否定我們的前奏。「王小姐，你的意見很好，但是我覺得……」「施先生，你的見解不錯，可是我認為……」，「但是」或「可是」會讓人產生不好的感受。

所以轉折用語的要訣，是用比較委婉的「如果」、「同時」或「後來」，取代「但是」或「可是」，這種說法也讓人感覺你跟他站在同條溝通道路上。

第三步、徵詢想法

傾聽認同法則練習

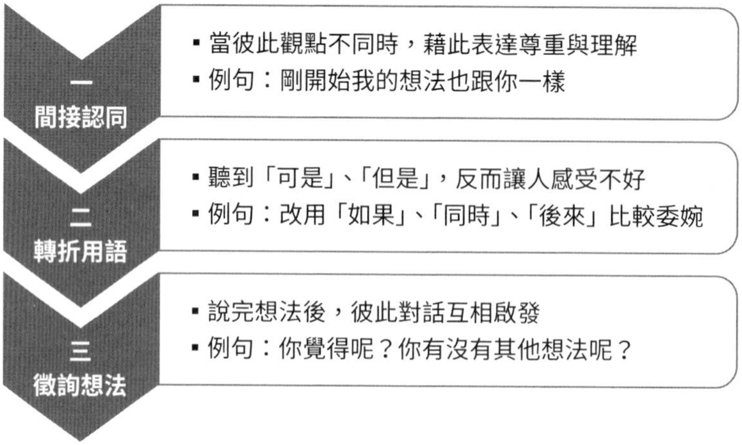

一 間接認同	• 當彼此觀點不同時，藉此表達尊重與理解 • 例句：剛開始我的想法也跟你一樣
二 轉折用語	• 聽到「可是」、「但是」，反而讓人感受不好 • 例句：改用「如果」、「同時」、「後來」比較委婉
三 徵詢想法	• 說完想法後，彼此對話互相啟發 • 例句：你覺得呢？你有沒有其他想法呢？

真正的溝通，不一定要強迫對方全盤接受你的想法，而是要讓原本觀念不同的兩個人能夠對話，找到彼此都能接受的辦法。

所以當我們說完想法後，可以嘗試徵詢對方，讓雙方能從對話中得到更多啟發，獲致更好的成果。比如在對話的最後加上「你覺得呢？」「你看這樣會不會比較好？」或是「你有沒有其他想法呢？」這種徵詢的話，會讓雙方再思考，說不定能激盪出更精彩的火花。

回到剛才行銷部陳經理與業務部葉副理的對話，若是用傾聽認同法則：

葉副理：「為什麼是先從南部，而不是從北部開始推廣？」

陳經理：「你這個問題很重要，剛開始我的想法也跟你一樣，為何不先從北部開始？」

葉副理：「喔，你剛開始也是這樣想的？」

陳經理：「是的。後來我們部門仔細研究了這三年市場的變化，發現南部的推廣效果最好。如果我們可以先把行銷資源放在南部，對業務部門今年的業績，才會有加分效果。我來仔細說明，你聽聽看。」

葉副理：「是喔，原來如此。」

陳經理：「另外針對南部的行銷方式，你或許會有不同見解，要不要也分享一下，我們可以一起討論，你覺得呢？」

這種先用「間接認同」讓對方倍感尊重，其次用「轉折用語」讓對方願意聆聽，最後再

「徵詢想法」的說法，是一種溫和的傾聽回應方式。只有「氣和」，才能讓溝通早點結果。

小試身手

1. 什麼是SOLER技巧？
2. 傾聽時，如何確認對方已經說完？
3. 試用傾聽認同法則，回應一個困難的對話。

3-4 建立自己的「傾聽系統」

松下電器創辦人松下幸之助從一個農家小孩，奮鬥到被譽為日本「經營之神」。某次他接受哈佛大學教授的訪問，被問到，「可否用一句話概括個人的經營祕訣？」他想了想說：「首先要仔細傾聽他人的意見。」

對於職場工作者，傾聽的要訣是「虛心」聽主管、聽同事、聽市場、聽客戶。尤其是資淺者，要把握每個聽的機會，把自己當海綿一般，吸收經驗。此階段要**積極的往上聽，換位思考，練習「假如我是老闆，我最想聽到什麼？」**才能摸清主管的習性，判斷輕重緩急，提高做事執行力。

有個醫藥產業的學員跟我分享，有一回大老闆臨時交辦團隊幾件事，時間又壓得很緊，導致同事們頗有微詞。

這位學員回想起我在課程中教的，「如果換成我是老闆，會最先想知道什麼？」他開始回想老闆的說話語氣，哪件事特別強調，哪些事還好，排出輕重緩急，把八成時間花在最重要的事情上。這個方法果然奏效，也讓大老闆注意到他，年底就獲得晉升。

不過，當一個人逐步高升到經理人，甚至是執行長時，傾聽的挑戰就會變成能否傾聽員工？通常地位越高，聽力越差，多數的主管缺乏耐性。因此，許多高階主管上完傾聽課程後，最常問的問題就是：「我知道傾聽很重要，但自己的時間都不夠用，哪有時間聽完所有人？」

我的一位學生，也是餐飲集團的老闆，在我擔任他的教練期間，他就跟我說：「他很懷念剛開始只有一家店的那段時光。當時員工不過二十多人，大家從早到晚都在一起，每個人都可以暢所欲言。」但隨著集團規模越來越大，像隻大象，員工超過兩百人，該如何傾聽，發號施令讓大象跳舞？

對主管來說，時間特別寶貴，若管理範圍又大，就必須為自己建立一套傾聽系統，避免耐性被磨光了，員工還不知道你為何生氣。大家可以參酌以下三招，自行建立傾聽系統。

第一招、控制時間

有次我去一家國際飯店提案，飯店總經理是位德國人。他一走進會議室，還沒坐下就問我：「提案會花多少時間？」我馬上回答：「十分鐘，而且我只會講三個要點。」他聽我這樣說才安心坐下。我猜想，他可能受夠了部屬冗長的發言。

但是這位飯店總經理的方法很值得借鏡，**傾聽前先詢問對方會花多久時間，或向對方約定談話時間，讓對方有心理準備**。

有個人資主管跟我分享，她在績效面談的開場方法：「我們預計會用三十分鐘來討論你的績效表現。前十分鐘，請你先跟我分享這季的工作成果；接下來十分鐘，我會回饋你的工作表現；最後十分鐘，我們再來討論如何完成下一季的工作目標。」通常人資主管這樣說完，原本緊張的部屬都會比較放鬆。

溝通時，若員工一直講不到重點，你可以問：「剛才你的意思是這樣嗎？」「我重複你所說的，你想表達的意思是不是這樣？」以此掌控時間。

第二招、控制流程

你可以要求每個來敲門的員工，先行演練報告流程，讓正式報告時，比較能說清楚講明白。常用的方法有：

一、黃金三點論

日常生活中我們常聽到，「這件事情，我想分成三個方面來談。」「這個方法很好，但有三點要注意。」「要完成這個工作，首先要如何、其次要如何、最後要如何。」說明一件事情時，把它分為三點，這就是「黃金三點論」。

有個業務員向一家公司的老闆介紹自家產品：老闆您好，向您介紹，我們公司的設備——品質有保障，服務最到位，價格最實惠。

為什麼我敢這樣說？因為我們的儀器是德國進口，通過最嚴格的檢驗標準，耐用是我們的特色，所以品質有保障。另外，我們的售後服務據點遍及北中南，若是機器有問題，就近的維修人員會在半天之內，出現在貴公司，所以服務最到位。最後，對比行業內產品，我們的價格不是最貴，也不是最便宜的，但以性價比而言，價格最實惠。

運用黃金三點論，清晰簡潔有力。

二、PDCA

二戰後，日本企業為了重生，邀請一位美國學者威廉・戴明（William Deming）到日本講授管理原則。針對品質管理，戴明提出一套系統來解決品質問題，這套系統就是PDCA。

計畫（Plan）：定目標，列出要做的事。

執行（Do）：根據目標，思考執行辦法，詳列關鍵指標。

檢核（Check）：定期檢視成果。

行動（Action）：根據檢核成果決定改善計畫，或是持續進行。

曾經擔任日本軟體銀行創辦人孫正義貼身祕書多年的三木雄信，在他的著作《軟銀孫正義的核心工作術PDCA》，以孫正義的職場成功學為號召，讓大家知曉，原來這個流程可以用來強化個人競爭力。

三木雄信在書中提到，孫正義就是靠著PDCA戰勝所有困難，包括「超乎常人的目標執行力」、「追蹤數據並審慎驗證」，以及「追求卓越、持續精進」等，而這些都是PDCA的精髓。

看起來PDCA是一套思考流程，可以幫助管理，提升個人，把它用在溝通表達上，當然也沒問題。

舉例來說，業務小劉向主管報告工作計畫，他可以這樣說：

我下個月的業績目標是一百萬（計畫）。我首先會追蹤這個月未完成的案子，另外確保下個月客戶本來會下的訂單（執行）。在每個星期五中午，我會檢視當週進度並跟您回報（檢核）。週間若有問題，我會主動尋求您的建議，隨時做調整（行動）。

PDCA這種結構，可以清楚報告計畫、執行方式和具體要如何修正，是許多公司的共同語言。

三、WRS

「WRS」是各科學園區裡的公司，最常使用的技巧，尤其是每天都要彙報或交接的公司。

What：這次要溝通什麼事？

Root Cause：造成這件事根本原因有哪些？

Solution：解決問題的方法為何？

許多人會抱怨老闆個性很急，自己沒講幾句就被打斷。但換個角度想，如果每個員工去找老闆，講了五分鐘都還講不到重點，一天只要有十個這樣的人，老闆不就浪費了一小時。所以找老闆前，必須先想清楚我們要講什麼？當然老闆也有責任提醒部屬，不要只帶問題來，也要帶著解決辦法來。

一家電子設備大廠的協理跟我分享：過去幾年，他花很多時間幫員工理順說話邏輯，因為員工常詞不達意，導致會議時間拖很長。

直到這位協理上過我的課，他要求每個來敲門的員工，必須先用WRS預演。這個方法公布後，來找他的員工減少了三分之一，因為這些人運用了WRS後，在找他之前就已經想出解決辦法。而進到他辦公室的人，與他的溝通時間，也縮短至少一半以上。

第三招、控制情緒

溝通時，如果對方和自己意見不同，或是聽到對方在批評自己，我們會產生情緒，並在心裡想該如何辯護？這就是「情緒影響了傾聽」。

張忠謀年輕時，在美國的德州儀器上班，那時德州儀器的董事長派翠克・海格底（Patrick Haggerty），對公司內部的幾個人特別關切。由於張忠謀的工作表現非常優秀，所以他也是其中一位。

只要一有時間，海格底就會找張忠謀談話，花時間聆聽他的想法。海格底不會直接反駁他，總是說也許可以怎麼做，會比較好一點。海格底也會跟張忠謀談他的弱點，他當然有自尊心，剛開始也會不舒服。可是仔細想想，有些還滿有道理的，張忠謀就會接受海格底的說法，讓自己成為更好的人。

因此，可以用以下兩種方式，讓我們不受情緒影響：「忍住」，以及「對方可能是對的」。

忍住：就是不要在對方說話時插話反駁，即使有些觀點並不認同，也必須讓對方把話說完，才能知道全貌，以利之後的溝通。

對方可能是對的：一般人在傾聽時，通常都是不斷找尋支持自己想法的證據，很少人會想推翻自己。但如果能在意見不同或是被批評時，在心中自問：「有沒有可能他說的是對

建立傾聽系統三大招

	控制時間	你可以這樣說 ▪ 你剛才的意思是這樣嗎？ ▪ 我重複你所說的，你想表達的意思是不是這樣？
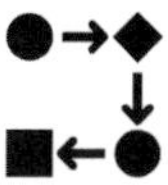	控制流程	你可以這樣做 ▪ 黃金三點論 ▪ PDCA ▪ WRS
	控制情緒	你可以這樣做 ▪ 忍住 ▪ 自問「對方可能是對的」

的？」這樣就可以降低情緒的影響。

著有《如何說，如何聽》的美國哲學家莫蒂默・阿德勒（Mortimer J. Adler）說：「傾聽是頭腦而非耳朵負責的工作，如果頭腦不積極參與，那不是『傾聽』，而是『耳聞』了。」那要如何積極參與？建議大家可從控制傾聽的時間開始，思考傾聽的流程，管好傾聽時的情緒，這樣將會深化我們的傾聽，讓傾聽發揮最大價值。

小試身手

1. 如何控制談話時間？
2. 控制報告流程的三個方法？
3. 傾聽時，如何控制情緒？

第四章
同理Empathy，企業成功關鍵

史丹佛大學心理學教授賈米爾．薩基（Jamil Zaki），在《哈佛商業評論》發表的文章〈讓同理心成為你公司的文化核心〉中，提到一份針對一百五十位企業執行長所做的調查，有超過八〇％的執行長都認同，不管趨勢如何變化，**同理心都是企業成功的關鍵**。**有同理心的職場，往往擁有更強的合作關係、更少的壓力和更高的士氣**，員工們更可以快速地從低潮或困境中恢復過來。有同理心的公司，更能了解客戶此時碰到什麼困擾？想方設法與客戶一起呼吸，感受客戶的心跳，最終贏得客戶的好感。

難怪比爾．蓋茲早在二〇一四年史丹佛大學的演講中，寄望新一代的畢業生：「請把創新用在最需要的地方，帶著才華、樂觀和同理心，去改變世界。因為同理心會讓我們看見貧窮，看見疾病，看見某些地方有多糟，我們就會把創新聚焦在這些問題上，讓深陷其中的那些人，可以對他們的未來充滿希望。」

暢銷書《從A到A⁺》的作者詹姆．柯林斯（Jim Collins）也指出，讓組織從優秀邁向卓越的領導人，除了很能幹之外，也很會關心他人，具備同理心。這些領導人會把成功歸因於同事的付出，而不是自己的功勞，讓員工願意追隨。所以企業若把同理心作為核心，會為成功奠下深厚的根基。

那職場上我們要如何培養同理心？先從處理情緒開始吧！

4-1 沒說出口的情緒才重要

來看這個故事。

某天下午，阿德接到朋友凱文的電話。凱文在電話那頭說：「兄弟，要麻煩你一件事，我需要一份設計稿件，後天要交稿，但是平常合作的美術設計出國了，臨時找不到人，你可以幫我這個忙嗎？」

雖然阿德手上還有別的設計案在忙，但聽到凱文急得快要哭出來的聲音，動了惻隱之心，於是放下手上的案子，花了一天一夜趕出凱文要的設計稿。當天早上，凱文看了稿件一眼，就交給客戶。

因為熬夜趕件的關係，阿德直到下午才起床。一清醒就看到手機內有十幾通未接來電，凱文在語音信箱中留言，「兄弟，你搞什麼，我知道這次的作業時間很短，可是你也不可以粗製濫造，完全沒有美感，害我被客戶罵。還好我千拜託萬拜託，客戶才願意再給我一次機會，你聽到留言立刻回電給我。」

阿德聽到凱文的留言，瞬間火冒三丈，馬上回電。凱文一接起電話，還沒等阿德開口就說：「兄弟你聽好，設計稿要重做。」阿德說：「什麼！為什麼？」凱文回話：「拜託，你有看過自己設計的東西嗎！」

正當阿德要解釋時，凱文又插嘴：「反正客戶都已經退稿了，你到底要不要重做！」阿德生氣地說：「那我把稿件給你的時候，你幹嘛不說？你很難相處耶，你去找別人好了。」阿德說完就掛上電話。

說出口的只是「表面」理由

在阿德和凱文的對話中，他們彼此聽到的，都是「表面」。如果想要處理這種對話，就要了解他們心裡想的和產生的情緒感受。

以阿德而言，他心裡想的是：凱文怎麼可以這樣對我？為了他，我放下手邊所有的工作，事前還沒跟他報價，他就這樣回報我嗎？真讓人生氣！

那凱文心裡又是怎麼想的？一開始就不該找阿德做這件事，都怪我自己。公司以前對阿德的設計就不太滿意，但看在他是我拜把的份上，想說再給阿德一次機會，沒想到這次還是出了大包。我對阿德感到失望，真後悔找他，我差點讓公司做不成這筆生意，我對不起公司。

顯然我們嘴裡說的和心裡想的，永遠有差距，而這個「沒說出口」的差距，妨礙了對話，造成了芥蒂。

早在兩千多年前，古希臘哲學家亞里斯多德在他的《修辭學》中，就提到兩個有關「說服」的要素，分別是「邏輯」和「情感」。

邏輯是運用前因後果來辯證，是把話講清楚說明白。情感指的是一種連結，讓你與聽者站在同一條線上，共情共感。這兩個要素應用在溝通上，我們稱之為**「說之以理」和「動之以情」**。

人們對於已經發生的事，或是即將發生的事，都會有不同看法，所以必須透過說理來達成共識。而每一次對話都參雜著當事人的感受，有時對話沒有講到情緒，但情緒卻充斥其中。

說之以理，說「事實」而非觀點

先來談「說之以理」。

溝通時，我們大部分時間都是在說理，談事實、講理由、誰對誰錯、誰要負責。弔詭的是，**你說的事實，有可能不是事實，而是你的觀點**。

有個笑話是這樣的，《羅密歐與茱麗葉》這齣戲裡有個配角，是茱麗葉的奶媽。她出場只有幾次，台詞也只有短短幾句。某次。有人訪問飾演奶媽的這位演員，能不能說一下《羅密歐與茱麗葉》這齣戲到底在演什麼？

這位「奶媽」演員說：「嗯，這個故事主要是講，一位奶媽在照顧一個談戀愛女人的故事。」她說的是不是事實？當然是，這是用她自己的觀點所說出來的事實。

簡單來說，「事實」是獨立於人的判斷，客觀存在，不是你思考出來的產物。比如象棋雙方各有十六顆棋子，這是一個事實，沒什麼可爭辯。英文字母共有二十六個；太陽從東邊升起、西邊落下……也都是「事實」。

那「觀點」是什麼？觀點是個人主觀的判斷，比如臉書的創辦人馬克．佐克伯，在二〇一四年北京清華大學的座談會上提到，中國是個偉大的國家，這就是一個觀點。佐克伯的觀點是在說文化偉大、國土偉大，還是財力偉大？就要深入探討。

觀點包括價值判斷和個人的喜好感受，比如說這朵花是紅色的，是事實；這一朵花真好看，就是觀點。車輪餅是甜的好吃，臺灣的夏天太熱了……這些都是觀點。

今天很冷，是不是事實？不是。冷，是你的觀點；今天攝氏十度，才是事實。所以事實和觀點的關係是，**事實決定觀點，但觀點可以隨著事實發生改變**。

保羅．薩繆森（Paul Samuelson）是位著名的經濟學家，在一九七〇年得到諾貝爾經濟學獎，他所撰寫的《經濟學》被列為許多學校的教科書。最早薩繆森談通貨膨脹時，他認為五％的通貨膨脹率是可以接受的。過了幾年，他認為三％的通貨膨脹率可以接受，後來又說二％也可以接受。

有人便對此提出質疑，一位德高望重的經濟學家，說話怎麼變來變去？薩繆森的回答是：「當事實發生改變時，我就會改變觀點，難道你不是嗎？」所以改變觀點很正常，不一定要墨守成規。

讓我們回到阿德和凱文的例子。以阿德而言，他的觀點是凱文自己沒有審好稿，導致被客戶退稿，是凱文的錯；以凱文而言，他的觀點是阿德應該要把稿件設計好，才不會被客戶退稿，是阿德的錯。兩個人講的都是觀點。

但一昧的爭執誰對誰錯，對事情沒有幫助，這時只要拋棄「都是你的錯」的狹隘觀點，不帶情緒，把各自的想法拿出來充分交流，自然就可以解決問題。

動之以情，善用「我覺得」

接下來談「動之以情」。

溝通不但跟情緒有關，有時根本就是情緒問題。阿德沒有告訴凱文，他覺得凱文用命令和指責的語氣，讓他很不舒服。凱文也沒有告訴阿德，阿德過去的表現讓他失望，這次是給你機會，你怎麼還是搞砸了？

溝通過程中，情緒是一定要處理的，我們必須了解情緒，說出情緒並且管理情緒。當有情緒時，我們不要說「你怎樣」，而要用「我覺得」。「我覺得」雖然是個簡單的單詞，卻有意想不到的效果。

或許你曾聽過這樣的說法，有人疾言厲色地對他人說：「你知道你錯在哪裡嗎？你忘了我是怎麼跟你說的嗎？你難道不知道這件事情很緊急嗎？」接下來你就會聽到被責備的那個人回嗆說：「所以你現在是在怪我囉！」「都是你沒講清楚！」「你難道就沒有錯嗎！」結果場面難堪，不歡而散。

這種以「你」為開頭的說法，容易帶入我們不滿的情緒，溝通變成了教訓。當對方覺得我們在教訓他，自然很難接受我們的觀點，所以**與對方溝通，不要說「你」，而要說「我」**。

案例中的阿德可以對凱文說：「當你告訴我，你的客戶不買單，要我重新設計時，我覺得很委屈。因為你看過初稿，也覺得沒問題才交付給客戶，不是嗎？」這樣凱文會知道阿德的感受，同時體認錯誤不完全在阿德，不再咄咄逼人。

當然阿德可以進一步說：「對於設計上的問題，導致客戶不滿，我真的很抱歉，我現在可以怎麼做才好呢？」與凱文一同解決問題。

凱文也可以對阿德說：「我們的設計被客戶退回了，我覺得很難過，這稿件畢竟是你熬夜做出來的。而且我當時仔細看過，也覺得沒問題。」這樣阿德會覺得凱文有同理心，願意跟凱文一起面對問題。

之後凱文再說：「客戶有給我一些稿件上的建議，你先聽看看，再請你幫我修改，好嗎？」這樣阿德比較不會推辭。

所以當我們**與人溝通時，要把自己的大腦想像成雙核心**。**一個核心負責說之以理，另一個核心負責動之以情，兩個核心不斷運算，交互影響**。當我們發現說之以理行不通時，可能是對方產生了沒說出口的情緒。此時我們必須想辦法動之以情，才能有效溝通。

啟動「雙核心大腦」轉換思維

為了幫助大家的大腦雙核心可以快速運算，神經語言學提供三點轉換思維：

一、**強調對不對沒有意義，說的有效果才比較重要**。

如果有位醫生對你說，手術非常成功，但病人沒救活，你的感想是不是圈圈叉叉。手術的目的是為了救人，如今病人沒救活，醫生卻稱手術成功，完全沒有意義。

所以溝通時，我們一直強調自己是對的，只是對方聽不進去，其實也沒有意義。當對方的回應有情緒，我們就要趕快改變自己的溝通方式，再進行溝通。

二、**對方是否已經明白你的意思，只有對方知道。不要猜想，如果不確定，請放低身段去確定。**

台灣微軟首席營運長陳慧蓉，在她的《花想世界》Podcast中，曾經分享過一個溝通的故事。她提到自己曾經帶領過一個幾近解散的團隊，幾個月之後，這個團隊的士氣大振，與之前判若兩團。

陳慧蓉好奇地問團隊：「為何會有這樣的變化？」團隊說，過去只要業績不好，主管就只會指責他們，造成他們心生畏懼。但問題到底出在哪裡？他們卻不明白。而她願意放低身段，與大家共同探究原因：「讓我們一起來解決問題，好嗎？」不同的溝通模式，造成不同的溝通結果。

三、**帶著坦白的心，就什麼都可談。若對方曲解你，澄清就好。**

若在談話過程中，對方曲解你的意思，我們必須先暫停說之以理，委婉徵詢對方，是否我們哪裡說的不好？導致對方有情緒。重修舊好，才能創談話美好。

英國劇作家蕭伯納（Bernard Shaw）說：「溝通最大的問題，就是我們誤以為已經溝通過了。」當我們說理無效時，不妨處理感覺，說不定許多溝通問題，就會迎刃而解，因為沒說出口的情緒，才重要。

小試身手

1. 溝通時，要留心哪兩個修辭學上的要素？
2. 溝通時不要說「你怎樣」，要怎樣說比較恰當？
3. 神經語言學提供哪三點轉換思維，讓我們可以雙核溝通？

4-2 同理文化讓企業長青

生活中，你有沒有被這樣的語言攻擊過：「我跟你說了多少遍？你為什麼老是講不聽！」「你又來了，你是想氣死我嗎！」「我覺得你根本不在乎我！」

有時也會在職場聽到類似這樣的語言：「你是豬腦嗎？我都教幾遍了，怎麼還學不會！」「你再混嘛！小心我把你Fire掉！」「你幹嘛老是要找我麻煩，你有事嗎！」「你今年目標為什麼沒做到？」「你怎麼沒在期限內完成這件事，你都在幹什麼！」

這種語言像鋒利的刀，當有人這樣對我們說時，我們會被激怒或是閃躲，結果不可收拾。

一份造假記錄的背後

二〇二三年四月，豐田汽車旗下子公司大發汽車，被發現車輛測試數據造假。委外的第三方委員會經過八個月的調查，於二〇二三年十二月二十日由當時大發工業社長奧平總一郎和委員會委員長貝阿彌誠律師，共同召開記者會發表正式調查報告：「大發工業旗下共六十四款車輛，在二十五項安全試驗中，經清查共有一百七十四件造假紀錄。」這份報告公開後，震撼全日本，甚至全世界。

耐人尋味的是，並沒有任何豐田汽車的主管指示要造假。報告指出，捏造數據的主因竟是大發員工「無法說不」、「開發費用不得浪費」、「務必要成功」的企業文化。而造假的遠因，恐怕是母公司豐田一心追求卓越，卻忽略員工心理所造成的結果。

為何這樣說？因為調查委員會訪問基層員工後指出，大發汽車的經營高層自覺他們具備相當實力，可以在短期內開發新型車輛，並成為輕自動車界的霸主。為了取信豐田，高層給員工極端的壓力，尤其是僵化的完工期限，迫使研發人員無法對無理的要求說：「我做不到」，最後走上了竄改數據的不歸路。

在豐田任職超過三十年，曾任行銷總監的高田敦史指出：「造假的主因，可說是為了滿足豐田的期望。」中西汽車產業研究社長中西孝樹也說：「豐田集團之所以接二連三出現違規事件，與嚴厲的要求息息相關。就像是熱中教育的父母，雖然可以教出認真的孩子，但只要一不留神，孩子就會走偏。」

管理，太鬆、太緊，都不好。

員工離職的真正原因

二〇二二年蓋洛普公司一份報告指出，超過一萬五千名美國員工表示，如果雇主關心他們，那麼他們主動尋找新工作的可能性會降低許多。二〇二一年安永聯合會計師事務所調查超過一千名在疫情期間離職的勞工，結果有五十八%指稱主管欠缺同理心，是他們離開的主要原因。有越來越多的跡象顯示，更多的員工，尤其是Z世代，不僅希望領導人能有同理心，更是要求。

這讓我想起，幾年前曾幫四大會計師事務所其中之一進行一項專案，名稱是「關懷小組輔導技巧研討會」，上課對象是北中南各地約一百多位的會計師。目的是教會這些會計師在高壓審計的環境下，關懷部屬的技巧。

因為當時的人資主管和我都深信：當我們退休時，不會記得我們在公司每一年的業績，但我們會記得幫助過多少人，有人會因為我們對他們的關懷，而使他們有更好的生涯。許多會計師後來都跟我說，這個課程對他的生命產生了巨大的影響。

有位會計師跟我分享，他關懷部門員工的故事。

這位員工因為母喪，請假一個多星期後回來上班。可能是獨子關係，接踵而來的家中大小事都落在他身上，導致他工作時魂不守舍。

於是這位會計師主動關心對方，「如果你還有些事需要處理，你知道可以再請假嗎？不用擔心工作，我們都會幫你扛的。」接著給這名員工一個大大的擁抱。結果員工靠在這位會計師的肩膀上，嚎啕大哭了起來，久久不能自已。

後來，他們的團隊有新專案時，這位員工總是率先跳出來接手，用此感謝團隊當時對他伸出援手。愛與關懷，撫慰他人生命，我們自己也得著安慰。

這幾年由於新冠疫情，人們對工作的價值有了更深刻的體認，公司文化是否合乎人性，成為員工最關切的事。即便企業勉強用高薪買斷員工的時間，也只是建構在薄弱的雇傭契約上，可以輕易被撕毀。企業唯有多理解、包容員工，關係才能堅若磐石。

其實許多企業早已發現，**同理心文化可以為公司創造出不少的正面效應**，《富比士》雜誌形容，這是「無價而寶貴」的企業資產，就連蘋果公司都把「同理心」放進培訓項目，維珍集團創始人理查．布蘭森（Richard Branson）也認為，**企業會成功，「同理心是關鍵」**。

同理文化帶給微軟的改變

談到企業成功的關鍵是同理心，就不得不提二〇一四年二月四日成為微軟執行長的薩蒂亞．納德拉（Satya Nadella）。

自從納德拉嶄露頭角後，同理、溫柔等形容詞就常伴他左右，「從擔任執行長那刻起，我就把改造公司文化列為首要任務。」他鼓勵大家互相尊重，傾聽彼此，取代謾罵，因此讓「一個微軟」的概念落地生根，讓同理文化深植團隊。根據彭博社的報導，納德拉上任至今，微軟股價共上漲超過一〇〇〇%。

納德拉說，早期微軟的企業文化是彼此較勁，認為踩人上位才是傑出。曾有漫畫家畫出微軟的組織圖，畫中的公司成員互相拿槍指著對方，可見其內部氛圍。但為何微軟員工會彼此對立？原因來自考核制度。為了凸顯自我，最簡單的方式就是提出批評。納德拉在某次的訪談中也透露，微軟創辦人比爾．蓋茲以前走進辦公室時，不常稱讚員工「幹得好」，而會說「你今天犯了二十個錯誤」。

傳統的領導者為了控管員工績效，往往會施以高壓手段，最終造成反彈。因此，有越來越多的領導人覺察並揚棄這種做法，改採柔性引導，而納德拉正是典型的代表。

為何納德拉會有這樣的體認？主因來自他的大兒子贊恩．納德拉（Zain Nadella）。贊恩出生時，因為缺氧窘迫，導致重度腦性麻痺，終生需要輪椅與專人照料。

由於照顧贊恩吃盡苦頭，納德拉曾經不斷地抱怨，為何自己會遇到這種事？老天爺太不公平了！但納德拉的妻子卻罵他：「受苦的是兒子，不是你，好嗎！你看看他，兒子受了這麼多折磨，他還堅持下去！」妻子這番話，讓納德拉慚愧不已。

因為長時間與贊恩相處，讓納德拉學會了柔軟，體會科技始終來自於人性。他說：「微軟研發的科技產品再厲害，若沒融入人性，就幾乎等於什麼也不是。」所以他開放微軟，不再跟同業壁壘，內部不再本位主義。

由於納德拉得花非常多的心力照顧贊恩，他最終理解，家裡不必隨時一塵不染，東西不必一定要斷捨離，只要在可容忍的範圍內，亂中有序即可。這也讓他在領導上，多了點包容，增添了耐性。

納德拉說：「一般人以為同理心只能用在朋友、家人上，跟做生意沒什麼關係。但唯有了解客戶，才能發現客戶有哪些需求還沒被滿足。而這些洞察，就來自於同理心，也是做生意的核心。」

為了讓微軟有同理文化，納德拉接掌微軟之後，要求所有管理階層都要閱讀《非暴力溝通》（*Nonviolent Communication*）一書，除了鼓勵大家使用愛的語言，讓員工喜歡在微軟工作之外，也讓微軟學會對客戶同理，讓客戶非微軟不可。

全員共學「非暴力溝通」

《非暴力溝通》是國際知名心理學家馬歇爾．盧森堡（Marshall Rosenberg）博士所著，他在九歲那一年，跟著家人搬到汽車城市底特律。在他搬到底特律的一週後，就爆發了著名的「底特律種族暴動事件」，最後造成四十三人身亡，超過一千多人受傷，還有七千多人被捕。

這場暴動在盧森堡的心中留下了烙印，才九歲的他心裡想著：「人與人之間為什麼要互相殘殺？為什麼不能好好相處？」

另外他在底特律上學的第一天，老師大聲喊了他的名字，有同學聽到他的名字叫盧森堡，就問他說：「你是猶太人嗎？」盧森堡博士不假思索說：「沒錯，我是猶太人。」沒想到當天放學後，有兩位同學在路上堵他。原因無它，只因盧森堡是猶太人，就想揍他出氣。盧森堡為此感到憤慨，為什麼有人要做出欺凌別人的事？更讓他不解的是，為什麼這種事情會發生在他身上？

後來盧森堡成為心理學博士，深入研究暴力語言與行為的關係，發展出「非暴力溝通」。他說，全世界無論哪個種族、哪個文化，都會有兩種不同的人：一種人很在乎誰對誰錯，在人際關係中，常常因為沒贏而耿耿於懷，容易有攻擊傾向；另外一種人不這麼重視對與錯，他們追求的是關心、聆聽與包容，該做什麼或說什麼，才能讓自己和對方變得更好。

盧森堡也曾經遠赴非洲奈及利亞，參與兩個長期對抗部落之間的談判。當他成功調停後，其中一個部落酋長告訴他，如果早知道可以用這種方法溝通，他們就不會打起來了。

至今，「非暴力溝通」已經應用在家庭、學校、企業組織、心理輔導而獲得很好的成效，難怪納德拉會大力引領主管閱讀這本書。

彼此體諒，落實同理心

那除了共學外，企業還可以怎麼落實同理心？我覺得可以多點「體諒」。

全球最大的DRAM記憶體模組獨立生產商金士頓（Kingston），從一九八七年在美國成立至今，不僅連續五年被《財星》雜誌票選為全美最佳福利企業。兩位台籍創辦人杜紀川和孫大衛，也連續五年被評為全美百大「最佳雇主」之一。

一九九六年，金士頓釋股給日本軟銀集團而獲利數億，兩位老闆直接拿出一億美元分紅給員工。當年每位金士頓員工，個個入袋新台幣八百萬元，至今仍是一段科技界的佳話。

有幾則流傳在金士頓內部的故事，深刻說明這家公司的「體諒」。有位員工才剛來上班一個月，因為小孩生病要請假，卻苦無年假。後來公司知道了，不但准假，還不扣薪水。

曾有位員工在生產後需要照顧小孩，無法全天工作，又不想因此離職，陷入兩難。後來公司主動徵詢員工想法，從全職轉為兼職，解決了這位員工的難題。

還有，如果員工常請假，某些公司的主管會擔心工作進度落後，質疑員工偷懶。但金士頓的主管更關心：員工請假的原因是什麼？是遇到了什麼困難？公司需要提供資源幫忙嗎？只要合情合理，都盡量體諒，因為在金士頓，**同理心是行動**，而不是口號。

所以，金士頓員工的關鍵指標，除了績效外，還包含「設身處地替人著想」、「不預設立場，聆聽、重視彼此意見」、「不論文化背景、專業或職位，都相互尊重」，實實在在展現同理文化。

在金士頓的公司網頁上有一段話，「我們相信，**如果我們照顧好我們的員工，那麼他們將照顧好我們的客戶**。」事實證明，他們做了對的事，也用心把事做對。

美國加州大學伯克利分校心理學教授達契爾．克特納（Dacher Keltner）在他的著作《權力的悖論》寫著，「擁有權力後，會削弱人們的同理心、設身處地看待問題的能力和道德感，從而踏上失權的道路。」

但克特納也提出解方，「持續關注他人需求，考慮自己利益的同時也考慮其他人的利益，真誠地和別人交流，隨時隨地為他人著想。」我想這就是，現今企業長青的關鍵之鑰。

小試身手

1. 看到大發汽車員工蒙蔽的事件，你有什麼感想？
2. 看到微軟再創佳績的案例，你覺得可以怎麼應用？
3. 看到金士頓對員工的體諒，你覺得有哪些可以學習？

4-3 與人連結的同理技巧

只要是人就會有立場，如果各自堅持立場，溝通很難兩全，事情也就無法解決。可見溝通若沒有站在對方的立場思考，沒有同理心，關係必然惡化，衝突因此產生。

「同理心」指的是，在人際交往過程中，能夠體會他人的情緒和想法，理解他人的立場和感受，並站在他人的角度思考以及處理問題。它主要表現包含了控制自己的情緒、換位思考、傾聽能力以及表達尊重等。**同理心不一定與生俱來，人人都可以後天學習**。

培養同理心，首先要觀察辨識，具體說出你看到什麼、聽到什麼、感覺到什麼，不帶有個人的評論。此階段要辨識對方為何會說出這樣的語言？為何要做出這樣的行為？換位思考，才能放下主觀。

觀察辨識後，再表達感受。把你或對方當下的情緒，適切地表達、反映出來，難過就難過，委屈就委屈，而非一昧的要求對方不要這樣想。

技巧一、觀察辨識，要不帶評論

首先談「觀察辨識」。

我們要觀察辨識引起我們情緒的那些事，陳述事實，不帶偏見。

如果你是位公司主管，你去找部屬，對方剛好不在座位上。當部屬回來時你對他說：「怎麼我每次找你，你都不在座位上？」對方可能會覺得：「不會吧，你昨天來找我的時候，我不是在座位上嗎！」也有人會想：「不是吧，你講話會不會太誇張了，你昨天來找我，我明明就在座位上，哪裡有『每次』？你是瞎了嗎！」

觀察的語言要平鋪直敘，放下情緒和批判用語。這是在開口時，我們必須做好的功課，因為**你說的第一句話，會決定接下來的溝通品質**。針對上述情形，其實主管只要陳述事實：「我剛才來找你，發現你不在座位上。」

在家裡也是一樣，當太太對先生說：「你幹嘛對我不理不睬。」其實太太本意是希望得到先生的關心。但「你幹嘛對我不理不睬」這句話，讓先生感到不舒服，因為有責怪的意味。

觀察辨識的說法是，太太對先生說：「今天一整天我們兩個人都沒有說到話。」這句話沒有夾帶任何評論，如果你是這位先生，聽到太太這樣說，會不會想，是不是因為太忙了而忽略了太太。

為何我們看到事情，會先評論，用一則菲律賓洗衣精的廣告來解釋。

有位媽媽在校門口等孩子放學，沒想到孩子不但晚出現，身上還沾滿泥巴。此時媽媽腦中的評價劇場開始上演，孩子一定是離開教室後，先跑到操場玩，才把全身弄得髒兮兮。

媽媽正準備開罵時，旁邊牆上的電視播放起一段影片，說明孩子是怎樣弄髒衣服的。原來小朋友經過操場，看見工友伯伯推著載滿東西的三輪車，沉重的三輪車使得工友伯伯不小心手滑跌倒了，東西掉滿地。小朋友看到後飛奔過去幫忙，過程中不小心弄髒了衣服。

廣告裡的媽媽，一開始看到小孩的衣服髒掉了，感到非常生氣，後來知道孩子是為了助人才弄髒衣服，怒火瞬間化為烏有。有些媽媽還因此感動到哭，甚至跟孩子說，衣服髒了沒關係，你做的事情很有意義。為什麼這些媽媽轉變如此之大？因為他們發現，自己看到的，不是全部。

為什麼我們看到事情，大腦會快速評價？其實這是人類能從未知中，存活下來的一種能力。遠古時代，如果你在荒郊野外，聽到附近的草叢發出聲響，又看到黑影幢幢，大腦就會判斷可能有猛獸，無論真假，你下意識就會拔腿狂奔，而不是等真正看清了才動作，免得丟了性命。

但在**人際溝通中，如果我們看到黑影就開槍，就有可能會誤傷。最好的方式是，先觀察，不評論，陳述事實就好，這樣才能安全對話。**

技巧二、表達感受，讓情緒能交流

接下來是「表達感受」。

表達感受是把你感受到的，無論是你自己或對方的情緒表達出來，使雙方可以在情感上交流。

有天廣告公司的業務小陳，衝到創意部去找設計小義，口氣很急：「欸，你們的稿子到底改好了沒有？客戶一直催我！」「你難道沒跟客戶說，改稿子需要時間嗎？」小義一副事不關己的樣子。

小義的態度，引起小陳的不快：「我當然有說啊！客戶是我們的衣食父母，我當然要反應客戶的意見啊！那不然換你來跟客戶講，還需要多少時間，自己面對客戶看看！」

小義聽完後，也很生氣：「你不要仗著客戶來欺負自己人，這是你們業務的事，不要來煩我，反正我現在交不出來。」雙方你一言我一句，完全沒有交集，事情當然無法解決。

從業務小陳的言語中，我們可以觀察辨識出，他只是因為客戶催稿，所以想知道到底何時可以修改完成，他好給客戶交代。

設計小義可以說：「我聽到你說客戶一直催稿，相信你一定承受很大的壓力。只是我從知道要修改到現在，只有半天時間，我擔心的是，現在交出去的品質，會不符合客戶期待，反而造成你的困擾。是不是可以請你跟客戶再溝通一下，明天中午前我們一定交稿，好嗎？」這樣的說法會比直接回嗆好很多。

回話中的「壓力」、「擔心」、「困擾」都是感受。同理心，就是一個互相溝通心裡感受的過程，除了表達對方的感受，有時也要表達我們自己的感受。

只可惜，從小到大我們都不太談感受，而且越理性的人，越不觸碰感受。我們通常被教導的是，「誰沒有壓力？你擔心有用嗎？困擾又有什麼用？解決問題比較實在吧！」

所以，當你心情好時，練習想想你是「開心」、「滿足」，還是「興奮」。比如說我們參加競賽獲得好成績，我們會感覺到激動。收到老闆的鼓勵，我們的感受是溫暖。

當你心情不好時，可以釐清你是「難過」、「失望」或「痛苦」。比如我們被別人羞辱，我們會覺得難過。老闆對你口出惡言，我們會覺得不好受。

「感受」，是在反映我們內心真正的感覺。

主管可以主動關懷員工

再看個例子。小晴剛加入一家電銷公司，主要工作內容是透過電話推銷公司產品。某天她掛上電話，嘆了一口氣，看起來心情相當沮喪。

她的主管看到後，上前關心，「小晴，你還好嗎？」

小晴：「很不好……我打了一早上的電話，都沒有人願意購買產品。」

主管：「是喔，我聽到你說沒人願意購買產品，所以你現在是不是有點失落？」

小晴：「對啊，不單是這樣，有時我話還沒講完，對方就直接掛電話，讓我覺得很挫折！」

主管：「嗯嗯，這樣的拒絕方式，的確會讓我們很不好受。其實我以前也曾有過相同的經驗，甚至還碰過客戶對我惡言相向呢！」

小晴：「是喔！那你現在的業績怎麼這麼好，是怎麼做到的？」

主管：「首先我會調整心情，告訴自己，客戶拒絕很正常，因為當我們接到陌生人的來電，也會有防禦心，不是嗎？其次我會深呼吸，吐掉不好的情緒，再打下一通電話，保持積極，聲音聽起來也比較爽朗。最後，就算對方不買，我也會讚美他們，說不定對方會願意跟你多聊兩句，開啟另外一個契機。」

小晴：「原來如此，我太在意自己當下被拒絕的感受，才會導致情緒不好。」

主管：「嗯，被拒絕難免會影響心情，有不舒服的情緒很正常。但快點轉念，總是好的。」

小晴：「謝謝你分享自己的經驗，我會照你說的試看看。」

小晴的主管完美演繹了同理心技巧，主動關懷小晴發生什麼事，然後觀察辨識到對方的情緒，並把它表達出來，且適時地說出自己也曾有過相同的經驗，很能體會小晴為何會有這樣的感覺。

看見同理感受的背後需要

為什麼同理感受這麼重要？

《非暴力溝通》的作者盧森堡博士說：「**感受的根源是需要。**」我們活在這世上，任何時刻都是有需要的。我們需要水，需要睡眠，需要營養，我們也需要朋友，需要房子。

需要，也包含我們的價值觀，或是對生活的期待。比如我們需要慶祝，我們需要親密關係，需要獨立思考，需要相互依賴。常常抱怨或發怒的人，往往是因為不清楚自己的需要，或是自己的需要沒有被滿足，才會有那些反應。

舉個例子，當媽媽在家煮好晚飯，結果小孩沒有依約準時回家，有些媽媽會生氣：「你難道不知道我做飯很辛苦嗎？」造成用餐氣氛不好。

其實遇到這種情形，根本不需要發脾氣，可以先問自己，有沒有什麼需要要被滿足？如果是不能準時回來需要先告訴你，媽媽可以這樣對孩子說：「你今天早上出門時，說晚上六點要回來吃晚飯。可是我等到七點，你都還沒有回來，也沒有打電話給我，讓我很擔心。我希望你以後若是不能準時，要先打個電話給我，好嗎？」

所以，有時我**們的情緒**，**其實是間接表達我們有需要沒有被滿足**，只是我們自己不知道而已。我們應該要釐清自己的需要，坦誠告訴對方，對方才知道該如何回應。

同樣的，職場上有時我們會遇到老闆因為業績不佳，而情緒失控亂罵人，他的需要可能是發洩情緒，希望有人同理他，最好有人可以出主意解決業績問題，這時你只要滿足他的需要就好了。

我們可以這樣說：「老闆，我看到你因為業績不好而發脾氣，我們和你一樣都很不好受。

我知道這關係到公司的營運，我們也想把事情做好，但我們現在需要一個平靜的場合，才能討論事情。所以，可不可以先暫停一下，我去幫你倒杯咖啡，我們再一起討論，看要怎麼做才能提升業績，你覺得呢？」

所以溝通時，如果我們可以隨時覺察自己的需要，並體會他人的需要，你會發現，你的同理能力會越來越好。

沒有同理心，也能成功？

同理能力越來越好，看來對人際溝通滿有用的，但組織內的高階主管如果太有同理心，會不會讓部屬「變成猴子跳到你背上」，不利於管理？

《馬斯克傳》上市後，許多高階主管會拿「馬斯克沒有同理心，還不是成功了！」在課堂上問我。因為這本書的作者艾薩克森（Walter Isaacson）表示，馬斯克極度缺乏同理心，甚至常在會議上說：「這是我聽過最愚蠢的事。」他批評員工時的誠實令人不安，「這種實話實說的作風讓人緊張，甚至讓人反感。」

馬斯克的前女友、加拿大電音精靈格萊姆斯（Grimes）也曾說：「馬斯克常會進入一種惡魔模式，讓員工壓力相當大。」

同樣為賈伯斯作傳的艾薩克森也直言：「馬斯克和賈伯斯這兩個人，其實都很難讓人跟他們一起共事……」他得出的結論是，「無論是他們的個性，還是管理風格，都是這兩人的最大弱點。」這種領導作風容易造成團隊士氣低落、令人沮喪。

因此我都跟那些高階主管分享，就像是武林高手會不斷修煉武功，甚至大刀舞完還要會耍長槍，就是擔心敵人多變。**我們學習同理心，不是自廢武功，而是多會一招**。也就是當原先的領導風格哪天不合適時，我們還可以出同理這招，達致管理的目的。

我有位學員是一家電子設計暨製造公司的執行長，他參加我的公開課程時，趁休息時間跟我說，他剛接到公司來電，製造那邊「出了一個大包」，請他裁奪。

這位執行長表示，按照以往，他一定先開罵。但馬上想到我在課程提到，溝通要有同理心，先控制情緒，才比較好解決問題。於是他深吸一口氣慢慢吐掉說：「我知道你們也不願意遇到這樣的事，你們一定也很難過。這樣好不好，可不可以先找誰誰誰跟客戶溝通一下，客戶的損失由我們負擔，把事情處理好就好。」

他公司的員工可能沒想到老闆會這樣說，在電話那頭沉默了幾秒鐘後，語帶哽咽：「好的，老闆，我知道了，謝謝你。」這位執行長學員覺得課程所教，很受用。

其實，**同理心不單是技巧，也是一種生命態度**。常用同理態度對待他人，會讓我們跟人交流時，更與人連結，進而建立更深層的信賴關係。之後如果我們有事，他們就會把它當成是自己的事。

小試身手

1. 同理心技巧分為哪兩大部分？
2. 我感覺工作沒有未來性，好想休息一陣子看看。你可以怎麼回應？
3. 手上工作這麼多，你怎麼又叫我做這事。你可以怎麼回應？

第五章
提問Ask，躋身頂尖教練

二〇〇八年Google著手進行「氧氣計畫」，以演算法分析內部經理人的績效和團隊表現，之後又加入員工訪談，分析歸納出優秀領導者應該具備的特質，依重要程度排列有：

第一要當個好教練；

第二要充分授權、避免事必躬親；

第三對團隊成員的成就和心情，保持高度興趣；

第四要有生產力；

第五用心溝通、聆聽團隊聲音；

第六幫助員工發展職涯；

第七要有清楚的願景和策略；

第八擁有關鍵技術、協助員工解決問題。

這份研究也指出，主管最糟糕的三種行為：

第一是無法了解和領導團隊；

第二是前後不一致的衡量標準；

第三是花太少時間在溝通上。

以上結果證明，員工不覺得一個好主管只需要高超的專業能力，反而希望主管用現今企業界推崇的管理方式——**教練式領導**，傾聽、提問、回饋，激發他們思考和帶領他們發展。除此之外，員工也希望主管能多關心他們的情緒和生活。

國際教練聯盟（International Coach Federation）針對「教練」的解釋是：「教練是一種夥伴關係，在過程中不斷啟發對方的創意及思維，讓他們的成就及專業潛能發揮到極致。」所以，教練應該要發掘、澄清與核對什麼是對方真正想要的成就，並引導對方找到答案與解決策略，最終讓被教練者成為負責者與當責者。

應用在商業環境，我認為，**「教練」是以提問的方式，引導部屬找到答案發揮潛力，達成最佳表現的一種方式**。授人以魚，不如授人以漁，先來看如何用提問取代命令吧！

5-1 用提問取代命令

《EQ》之父丹尼爾．高曼（Daniel Goleman），在他的著作《最佳狀態》中，說了一個透過提問協助別人的故事。

一家科技公司的執行長，要求他的高階主管強納森，去協助剛加入公司的一位部門主管曼尼。曼尼是個企圖心強烈、情緒起伏不定、吵鬧、意見很多、不夠圓融的人；這種風格在曼尼的前公司很管用，可是在這家科技公司並不適用。於是強納森好心告訴曼尼：「如果你不改變，公司會開除你。」

強納森幾次跟曼尼討論他的脾氣都無功而返，最後曼尼甚至對他說：「你管太多了，你沒有權力質疑我的做法，我就是這樣成功的。」然後要強納森滾出他的辦公室。

但強納森沒有放棄，也盡可能在每次曼尼發脾氣後，找機會跟他說話，「曼尼，我看見你做了這些事，我也聽到別人說他們不好受，你了解自己的情緒嗎？你希望自己可以變得更好嗎？」強納森想盡辦法幫助曼尼，也請公司給予對方時間，等待他成長。就這樣，他們彼此連結了起來。

強納森的努力有了回報，曼尼慢慢接受強納森，不再視對方為敵人，強納森給的回饋也會聽進去，有時曼尼還會到強納森的辦公室請益。這樣巨大的轉變，丹尼爾．高曼歸因於強納森有極高的情商，會提問，能引導，還有同理心。

強納森展現的能力，正是「教練式領導」。教練式領導著重陪伴部屬探索潛能，透過啟發、引導和培養，提供所需資源，協助員工成長，實現他們或團隊的目標。這不僅可以增強員工個人的成就感，還可以強化他們與主管之間的關係。

也由於教練式領導大多時間是主管**透過提問與聆聽，協助部屬自行找出答案，而不是用過去經驗給予指導，所以可以讓團隊適應變化、不斷創新，創造未來績效。**

引導式對話，開啟對話大門

德國iF Design執行長烏維．克雷默林（Uwe Cremering），曾經在「談數位轉型時代下的創新管理」座談會上表示，全球企業邁向工業四．〇，所以我們也要有四．〇的管理方式來面對職場工作者。

克雷默林認為，以命令和控制為原則的管理制度，將會被更彈性靈活的方式取代。現今領導人管理的要點，不再只是如何管理企業而已，而是要讓企業順利的自我管理。他認為，要達成這個目標，**管理者應該具備高度的情商和同理心，常常詢問並且用心聆聽部屬的觀點。**

舉例，當我們交付工作給部屬後，有些主管會說：「這件事不要讓我再講第二遍。」用這種語氣說話，部屬就算真的不懂，也不敢對主管發問。

主管可以提問：「請問我剛才跟你說了什麼事情？」「你明白為什麼我們要做這件事情嗎？」「從你的角度來看，有沒有什麼建議，可以讓這件事情做得更好？」用這種方式提問，比較能聽到真話。

如果部屬今年的業績進度落後，你對他說：「今年都過了一半，你業績怎麼這麼差，你是怎麼搞的？」部屬礙於權威，只好先打馬虎眼，最終業績沒達成。

但如果我們用引導方式：「到目前為止業績進度落後，你覺得原因在哪裡？」「你認為接下來要怎麼做比較好？」「可以分析給我聽，你這樣做的理由是什麼嗎？」雙方就能站在平等角度，讓對話產生意義。

所以當部屬提案有問題，我們不要說：「你剛剛講的這些完全不行。」反而要對他說：「我覺得你這個想法很好，我們以前都沒有試過，你可以跟我分享，你這樣想的原因是什麼嗎？」

當部屬簡報落落長，我們不要說：「你在講什麼，我完全都聽不懂，你可不可以講重點。」而要對他說：「我重複一下你剛才的意思，你剛才的意思是這樣嗎？如果不是，你慢慢想、慢慢說沒關係，我再嘗試理解看看。」

當員工做錯事情，我們不要說：「你怎麼這麼笨，連這麼簡單的事情都做不好。」而要說：「我知道你做錯事一定很自責，你覺得下次可以怎麼做，才能避免再犯同樣的錯誤？」

這些例句，如果在溝通中常用，對方將知無不言，言無不盡，坦白與我們交流。

提問很重要，為什麼「不問」？

既然提問這麼重要，那在企業組織裡，為何大家不常問？原因主要有三點：

一、**慣性使然**：有些人能成為組織中的佼佼者，很大一部分是他們一直都是「問題解決者」。

他們專注在解決問題，以便刪除待辦清單，趕緊去做下一件事情。所以每當有事發生，他們的直覺反應是，趕快去做就好了，而不是去想為何會發生這種事。

二、**缺乏技巧**：大多數人不懂得提問，最直接的原因是，不曉得怎麼問。除了學校沒有專門教提問外，如何問出一個好問題，至今也還沒被列入企業的員工績效指標中。一般人也很難得碰到一個愛追根究柢的主管，可以教我們如何提問，讓我們知道提問的好處。

三、**氛圍影響**：某些企業的老闆認為，問太多問題會讓對方沒面子，感覺被質詢。有時我們問了問題，別人還會嘲笑我們。當這種氛圍在組織發酵，無形中就在傳達一個訊息，大家最好閉上嘴，聽命令幹活就好，最後也就不知道該怎麼提問了。

沉默，導致鐵達尼號的沉沒

一九一二年四月十四日深夜，號稱永不沉沒的鐵達尼號，因為撞上冰山而沉沒在海底，造成一千五百一十四人死亡。乘客致死的主因，有很大一部分是救生艇數量嚴重不足，之後大家湧上了一個質疑，為何策劃者和造船者都沒有預料到？

根據事後調查，好幾位參與策劃及造船的人確實曾對此有一些疑慮，卻沒有人發問。因為他們擔心，提出問題會被其他人認為他們愚蠢，而且製造時船上還有許多專家，都不曾懷疑這艘船的安全性，那當然就一定沒問題。

另外一件事，在鐵達尼號航行的過程中，有許多船隻透過電報警告他們附近有冰山，可是鐵達尼號的眾多電報員卻沒有追問。如果當時有人好奇，去問一問在冰山附近的船隻，並且要求提供更多訊息，說不定就不會發生這場悲劇了。

規避提問的組織，會喪失許多學習和改變的機會。許多主管在與員工的互動過程中，不是在發號施令，就是在批評他人所提出的意見或問題。這樣的組織容易跟鐵達尼號一樣，很快沉沒在商場的紅海裡。

哈佛大學教授也是《領導人的變革法則》作者約翰・寇特（John Kotter）說：「『領導者』跟『管理者』最大的不同就是，領導者著重在提出適當的問題，而管理者著重在尋找那些問題的答案。把對的事情做好，比把錯的事情做對更重要。」所以問對問題，比較能做對的事，也能領導公司前進。如果公司裡的每位成員都有這樣的體悟，說不定還能開創商機。

一個好問題帶來大商機

目前在各大超商都能買到的寶礦力水得，這項產品的誕生，其實來自於一個提問：「可以把點滴變成飲料嗎？」

一九七〇年代，日本大塚製藥研究員播磨六郎在墨西哥出差，不小心吃壞了肚子而住院。住院期間，醫生跟他說：「你有脫水和營養流失的情況，可以多喝飲料補充水分。」因不斷拉肚子而感到身體不適的他，突發奇想：「如果有能同時補充水分和營養的飲品就好了。」

回國後，播磨君向同事高市晶久分享這個想法。高市想起，某次見到一位醫生在進行手術後，因為大量流汗而直接飲用點滴來補充水分，於是高市靈光乍現：「點滴與汗水、體液成分接近，不如來研發『可以喝的點滴』？」

經過兩年，試驗了超過一千種配方後，一款宣傳可以補充身體流失水分的經典品牌「寶礦力水得」就此誕生，並深受大家喜愛。

愛因斯坦說：「如果我有一小時拯救世界，我會花五十五分鐘去確認問題為何，然後用五分鐘尋找解方。」鼓勵企業組織把提問當作是一種日常，多問員工問題，也讓員工多提問，這樣企業在未來，一定可以順利的自我管理。

小試身手

1. 什麼是教練式領導？
2. 部屬業績進度落後或是做錯事情，你該如何提問？
3. 企業組織大家不提問的原因是？該如何調整？

5-2 提問心態

有個學打保齡球的故事：

有兩個人同時在學打保齡球，其中一位把球丟出後，擊倒了八支球瓶。他的教練對他說：「你真厲害，一球擊倒八支瓶子，你是怎麼做到的？」他解釋後，教練聽完便幫他修正，學員欣然接受。

另一位也是一次就擊倒八支球瓶，但他的教練對他說：「你是怎麼搞的，只擊倒八支球瓶，你是怎麼瞄準的？」他說完，教練厲聲告訴他，「你一定沒有按照我教的方法，才會打出這樣的分數。」

幾局下來，第一位的成績越來越好，頗有高手架勢。第二位的成績則每下愈況，甚至連打保齡球的興趣都缺缺。

提問語氣關係著結果

提問的語氣會左右問題的影響力，用正確心態提問，對方比較願意回答。一般來說，**提問的心態分為兩種，一種是請問，另一種叫質問。**

什麼是請問？

「請問心態」是提問者對於對方的說法或行為產生好奇，尋求對方的真實想法，進而幫助他人突破盲點，或是幫自己釐清現況，聚焦在共同解決問題上。

有請問心態的人通常樂觀、富有幽默感，他們總是將問題提問成一種希望：你的想法是什麼？我們可以怎麼做？我們可以從中學到什麼？

Instagram的創辦人之一凱文．斯特羅姆（Kevin Systrom）剛創業時，做了一款App叫「Burbn」，它結合地理位置服務和網路遊戲，讓用戶可以打卡、規劃未來行程、賺取點數，還有分享照片。由於功能複雜，用戶很難上手，造成「Burbn」的使用人數停滯不前，最多時候大約只有一千人使用。

後來斯特羅姆找了同樣畢業於史丹佛大學的邁克．克里格（Mike Krieger）合作，試著改善「Burbn」。由於沒有頭緒，他們就參考矽谷創業圈普遍的做法，去問那些已經在使用你產品的客戶，「為何要使用？」以尋找靈感。

斯特羅姆和克里格兩人找出「Burbn」的重度使用者，詢問這些人：「為何要使用以及最喜歡什麼功能？」得到的答案是他們都喜歡照片分享功能。因為「Burbn」的相片分享有濾鏡，讓照片看起來更美。於是他們決定主打「相片分享」，並把它獨立成一個產品，這就是Instagram誕生的過程。

我們常在問問題，也常在找尋好的問題，抱持著請問心態問問題，通常能問出好問題。

就像Instagram的兩位創辦人，請問客戶為什麼要用，進而得到美好的結果。

三種「請問心態」的提問

「請問心態」的提問，通常有三類：

一、探詢式提問

探詢式提問可以幫助我們理清事情的來龍去脈，協助對方弄清楚狀況。透過對方的回答，可以從中找尋蛛絲馬跡，以利問題解決。

常見的問句有：你為何會這麼想？你覺得問題出在哪裡？你可以就這件事多說一點你的看法嗎？你覺得為什麼會這樣？你已經嘗試過哪些方法了？

豐田汽車教育員工遇到狀況時，要追根究柢「連續問五次為什麼」，會對狀況掌握非常有幫助。舉例來說，有人的手指被機器切到了。

（第一個）為什麼？因為那個員工把手指伸到機器裡。

（第二個）為什麼？因為機器不動。

（第三個）為什麼？因為沒有定期維修。

（第四個）為什麼？因為沒有跟廠商簽訂維修合約。

（第五個）為什麼？因為技術人員沒有把這件事，放在重要不緊急的年度待辦事項中。

透過不斷提問，就能找到問題根源，有效解決根本問題。難怪古希臘哲學家蘇格拉底會說：「我唯一知道的事，就是我知道我不知道。正因為我知道自己的無知，所以我必須不斷地提問。」

二、轉移式提問

轉移式提問能夠幫助對方轉移情緒，釐清現在可以怎麼做或做什麼。

常用的問句有：你覺得現在可以做什麼？接下來你會怎麼做？從過程中你學到了什麼？假如你知道的話，那會是什麼？

一位顧問朋友告訴我，他辛苦培養的一位講師自立門戶去了。為此，他心情低落。

我問朋友為何沮喪？朋友說，之前那位講師在公司時，因為在外欠了許多債，為了讓對方能安心講課不為錢煩惱，於是公司無息借錢給對方清償債務，錢再慢慢還給公司就好。每當企業排課，也以他優先，希望幫助他早日度過難關。

幾年過去，那位講師不但還清債務，還因講課多、口碑好，客戶常指名邀約。但沒想到如今他卻告訴公司，客戶是因為他的名氣才找他講課，所以要求領更多的分紅。

我這位顧問朋友不答應對方的要求，因為沒有團隊播種，哪有這位講師可以收割的稻。

但對方聽不進去，於是就像鳥兒翅膀長硬，自立門戶去了。

「他為什麼要這樣對我，好人難道沒有好報嗎？」我這位顧問朋友如是說。聽得出來，他十分難受。

雖然我無法改變那位講師的所作所為，但我可以用轉移式提問，來改變這位顧問朋友的情緒。於是我問他：「你覺得現在可以做什麼，讓你自己快樂些？」他回答：「目前沒有。但如果你有好方法，我願意試試看。因為我知道，這樣下去對我也沒好處。」

「那好，」於是我給他看YouTube《反正我很閒》頻道裡的影片。不看還好，一看他笑到停不下來，心情隨之好轉。我看他這樣，就知道我的提問已經幫助了他。

事情都有正反兩面，轉移式提問可以避開負面發掘正面，就像是凡事發生必有恩典一樣。

三、洞察式提問

洞察式提問是站在對方立場想，對方要的是什麼？他為何要這樣做？長期或未來的計畫是什麼？然後根據這些提出問題。

資誠創新諮詢有限公司前董事長劉鏡清曾說過一個故事：他說有次他們要跟客戶洽談一個ERP（Enterprise resource planning，企業資源規劃）專案，他們推出的ERP解決方案是最好的，但也是最貴的。對手則是世界排名第二，也是一個相當不錯的系統。

當時客戶的董事長，問了劉鏡清的老闆一個問題：「平心而論，你覺得哪個產品比較好？」當時他老闆是這樣回答的：「董事長，請問您將來的事業要做多大？」客戶的董事長馬上心領神會，回了一句：「那我知道了。」後來他們順利成交，數千萬元的訂單到手。

事後劉鏡清的老闆告訴他，如果當時說，自己的產品是世界第一、是最好的，對方會認為你只是老王賣瓜，自賣自誇而已。但反問對方一個問題，讓對方自己去想，自己做決定，這樣一來問題就解決了。

這，就是洞察式提問。所以洞察式提問是前瞻的，是預見未來的，讓對方藉由你的提問，而有一個全新的看見。

避免三種常見的「質問心態」

好的提問，可以激發對方思考，讓談話歡喜收場。但不好的提問，會讓對方無言，氣氛急轉直下。而不好的提問，我們稱之為質問。

什麼是質問？

抱持「質問心態」的人，往往**把提問當作責備的武器**。他們通常會說：你到底有什麼問題？這是誰的錯？你為什麼會做不好？你知道你為什麼會失敗嗎？

企業裡，主管必須對結果負責，有時事情不符預期出了差錯，我們會聽到有些主管破口大罵：「你怎麼這麼笨？」「這麼簡單的東西你也做不好？」「公司請你來幹嘛？」我們聽了會不舒服，氣氛也劍拔弩張。

根據我二十年來在企業講授溝通課程的經驗，以及超過萬名學員的回饋，總結有三句質問的話，我們最好不要說。

一、你知道你錯在哪裡嗎？

奇異的傳奇執行長傑克．威爾許（Jack Welch）說：「當人們犯錯的時候，他們最不願意看到懲罰，這時需要的是鼓勵和信心的建立。」而「你知道你錯在哪裡嗎？」這句話有指責意味，部屬聽到這樣的話會很不好受，就算你言之有理，對方也聽不進去。

二、你懂我的意思嗎？

有些人在說明一件事情時，會在結尾加上「你懂我的意思嗎？」這句話感覺把人當笨蛋。尤其你回說：「我懂啊」，對方還會補上一句：「你真的懂嗎？」實在讓人生氣。會反覆把這句話掛嘴邊的人，很大原因是他們覺得自己高人一等，內心深處覺得你一定聽不懂。

三、我不是早就告訴過你了？

你有自己的想法，而主管也告訴你「他的做法」，因為你沒聽對方意見，最終結果不如預期。檢討時，主管說：「我不是早就告訴過你？」瞬間引爆你的情緒，因為這句話不但落井下石，還帶有訕笑意味。許多管理理論都指出，主管高高在上的質問，容易造成部屬反彈，思緒混亂，適得其反。

看到這裡，我們已經知道「請問」會比「質問」好很多，但有時氣急攻心，忍不住話時，該怎麼辦？

來看美國哥倫比亞電視台晚間娛樂節目《深夜秀》前主持人克雷格．費格斯（Craig Ferguson），用了三段婚姻悟出的心得。

克雷格曾在一場專訪中提到，當你理智線斷掉，快要口無遮攔時，你要立刻在心裡問自己三個問題：**「這話需要說嗎？」「這話需要我說嗎？」「這話需要我現在說嗎？」**如果答案都是肯定的，你直說無妨。但最終你會發現，大多時候，有些話是不需要說的。

小試身手

1. 提問心態分為哪兩種？
2. 通常請問心態的提問有哪三類？
3. 哪三句質問的話不要說？

5-3 提升績效的目標框架問句

NLP神經語言學把「框架」視為一種有力的工具，我們對別人所說的話，都是在「設框架」。當框架被說出來時，我們會把注意力和焦點，集中在這個設定的範疇裡。

框架好比是電腦的文件夾，我們在電腦裡新建一個文件夾時，會先為這個文件夾命名。當我們把文件夾命名為「溝通」，就會把與溝通相關的資料放進去；我們把文件夾稱為「表達」，就會把表達相關的資訊放進去。

也就是說，我們把文件夾命名為「有用」，我們注意的都是有用的素材；我們把文件夾命名為「垃圾」，我們就會把不要的東西丟進去。NLP相信，**當我們用語言設了一個框，對方的注意力就會在這個框架裡**。

舉例來說，如果老闆對部屬說：「你最近有什麼好事可以分享？」「我覺得你還有很多潛能沒有發揮出來，你知道嗎？」「你覺得自己最大的優點是什麼？」這些問句都會讓部屬依據老闆所設的「框架」去思考：有什麼好事可以分享？自己還有什麼潛能？我的優點為何？

但如果老闆對部屬說：「你怎麼連這點小事都做不好？」「你知不知道自己有多笨？」「你知道你最大的毛病是什麼嗎？」這些問題一樣在設框架，但給出的是負面框架，讓部屬朝向事情做不好，自己有多笨，最大的毛病是什麼去思考。

由此可知，**好的語言框架，可以讓人正面積極；不好的語言框架，會讓人陷入困局**。所以我們要時時刻刻提醒自己，給出正面的框架。

正面框架，帶來成長心態

據說著名的古希臘哲學家蘇格拉底，長相其貌不揚，卻娶了一個漂亮但個性潑辣的老婆。某天蘇格拉底和朋友在家裡聚會，高談闊論下忘了時間，把老婆交代的事情拋在腦後。他老婆耐不住性子，生氣地走到蘇格拉底面前，當著他朋友的面，臭罵他一頓，接著拿起桌上的水杯，就把水往蘇格拉底的身上潑，然後離開。

在場的朋友見狀，都認為蘇格拉底會大發雷霆。可沒想到，他只是站起來，拍掉衣服上的水漬，苦笑地對大家說：「打雷之後，一定會下雨，不是嗎？」幾句話就化解了尷尬。

這時有人問蘇格拉底：「你個性這麼溫和，怎麼會娶一個這麼剛烈的老婆？」

蘇格拉底說：「喜歡騎馬的人，都喜歡挑戰烈馬，一但馴服烈馬後再去騎其他的馬，就不大會有問題。所以如果我能忍受我老婆的脾氣，天底下就不會有難以相處的人了。」

由此可知，蘇格拉底之所以會成為偉大的思想家，是他可以隨心所欲地用正面框架，去框視事情帶給他的意義。如果我們可以善用框架，將可正面思考，擁有成長心態。

NLP目標框架七大問

NLP有個強大的目標框架問句，總共有七句。無論你是主管想要輔導部屬，還是自己想要達成目標，都可以透過這些問句讓目標清晰，更容易實現。這七個問句分別是：

第一問、你的目標是什麼？

我在國外學習NLP時，對目標這件事有個看見。某次課堂導師問一位學員：「你的目標是什麼？」他說：「我要賺很多錢。」導師接著問：「賺很多錢，具體是多少？要花多久時間？」他卻回答不出來，「所以你只是空談而已。」導師說。

可見**目標是量化的指標或是可以達致的成果，也就是要具體、明確、有時間限制而且可衡量**。與其說「我要賺很多的錢」，倒不如說「我要在五年內賺到一千萬元」比較明確。

有些主管在給部屬目標時說：「我知道你行的，你一定可以超越自己。」這種語言是精神喊話，比不上數字化「我知道你行的，你今年業績一定可以超越五百萬！」來得具體。

第二問、你的現狀如何？

清楚描述現狀，才知道自己身在何處，也才知道現實與理想間的差距，好做計畫。

如果一個人的目標是「我要在五年內賺到一千萬元」，可現狀是年薪五十萬元，要達到目標不是不可能，而是差距實在太大，不切實際。所以現狀描述是讓我們體認到，我們設定的目標可否有機會達成，還是只在打高空而已。

第三問、你怎麼知道已經達到目標了？

百米賽跑都會有一條終點線，所有起跑的選手都往那條線衝去。只要衝過那條線之後，選手們就會放慢速度，因為大家都知道已經達成目標，絕不會有人還繼續衝刺。

所以，一個人要如何知道「我在五年內賺到了一千萬元？」可能是薪資證明，可能是存款數字，當然也可能是投資所得。

在ＮＬＰ裡，我們很強調「**感官經驗**」，**因為想像逼真，夢想容易成真**。我們通常會問當你達到目標時，你會看到什麼？聽到什麼？感覺到什麼？這樣的問題對達成目標很有幫助。

以學英文為例，你可以說：我看到我自在地跟外國人溝通，聽到主管對我的表現讚嘆不已，我感覺自己非常有自信。

第四問、對你而言，達成目標有什麼意義？

有位投資銀行家在海島度假，遇見一位漁夫正在捕魚。這位漁夫很厲害，網灑下後，通常會有滿滿漁獲。大約過了兩小時，漁夫見漁獲豐富，準備離開。

投資銀行家叫住漁夫：「你手氣正好，為何不多捕一些魚呢？」漁夫回答：「這些魚賣了，足夠我們一家人過上一星期。等錢花完，我再來捕魚就好。」

於是投資銀行家好奇地問漁夫：「除了捕魚，你都是怎麼安排生活的？」

漁夫說：「我大約一個星期捕一次魚，其他時間就陪陪老婆、孩子。有時晚上會跟朋友吃飯喝酒，日子還算過得去。」

投資銀行家驚訝地說：「依照你的捕魚技術，你應該要每天捕魚才對，這樣就能賺一大筆錢，然後買艘更大的船，捕更多的魚。」

銀行家接著說：「你魚捕得越多賺越多錢，就可以買更多的船，請人幫你捕魚。等你有了自己的船隊，就不需要自己出海，只要負責營運就好了。」

漁夫聽完睜大眼睛問：「那這樣子我還會有時間陪家人嗎？還可以跟朋友吃飯喝酒嗎？」

投資銀行家安慰他說：「剛開始幾年你要忍耐一下，我是投資銀行家，可以幫你把公司上市，到時你就會是億萬富翁了。大約十年，你就有很多時間可以陪老婆、孩子，每天跟你的朋友吃飯喝酒了。」

漁夫聽完不解地問：「那我現在不正在過這樣的生活嗎？」

凡事都有利弊，但如果我們完成目標後，失去的比得到的多，我們的身心將會進入深層疲憊，也會不快樂。所以在設定目標時，要問自己：為何要做？意義為何？才不致在實踐目標的過程中產生懷疑。

第五問、為了完成目標你要多做點什麼？或是停止做什麼？

一般來說，人類的驅動力不外乎來自快樂和痛苦。有時你明明知道應該去做，卻遲遲沒有去做，那是為什麼？答案其實很簡單，就是你現在不做會暫時讓你快樂，你當然選擇拖延。可是你有沒有這樣的經驗，就是如果不去做一件事，到了某個節點，你發現再不做的後果會帶給你痛苦，就會趕緊去做了。為什麼會有這樣的改變？答案也很簡單，那就是痛苦驅動了你的行為。

換句話說，**我們所做的每一件事，不是為了追求快樂，就是在逃避痛苦，快樂和痛苦是我們完成目標的兩大推手**。雖然多做點什麼會讓我們痛苦，但想想達到目標後的快樂，你就甘之如飴了。

第六問、可以幫助你完成目標的資源有哪些？

「資源」指的是你的經驗、知識或能力，或是可以利用的外部資源。通常資源分為：在同事或家人中，有沒有誰可以幫助你？或是想想成功人士可能會怎麼做？當然憶起自身過去成功的經驗，也很重要。

還是有哪些事物對目標有幫助？比如看書、影片、運動、操作手冊等。或是有哪些訓練課程可以幫助目標實踐？比如成長講座、領導訓練、情緒管理、行銷業務等。

第七問、你現在應該做什麼？

這是終極一問，有些人前面的問題回答得頭頭是道，可是問他：「現在應該做什麼？」卻支支吾吾。目標設立後要有具體計畫，並踏出第一步，才算開始。

接下來我舉一位保險公司協理，用目標框架問句幫助他的業務員業績達到百萬圓桌會員（Million Dollar Round Table，簡稱MDRT）的過程。

協理：「你的目標是什麼？」

業務員：「今年我的保費收入，達到百萬圓桌入會的申請資格。」

協理：「你的現狀如何？」

業務員：「距離目標還差兩百萬元，但到年底還有十個月，我相信是可以做到的。」

協理：「你怎麼知道已經達到目標了？」

業務員：「每個月公司會給我們業績報表，可供檢視。我也會把申請資格的數字印出來貼在桌上，讓目標視覺化，每天提醒自己。」

協理：「對你而言，達成目標有什麼意義？」

業務員：「ＭＤＲＴ是一份榮譽，我想透過這份榮譽讓我爸媽知道，他的兒子不怕吃苦，在這裡做得很好，受到客戶認可。另外，ＭＤＲＴ的全人精神也很吸引我，讓我得到更有意義的家庭、健康、教育、事業、服務、財務和精神生活。」

協理：「為了完成目標你要多做點什麼？或是停止做什麼？」

業務員：「目前規劃先取得轉介紹名單，由於我已經累積了百位客戶，如果每位客戶給我三個準客戶名單，我就能搜集到三百個客戶名單。過去我的成交率是二十五％，而我每份保單的保費收入約為四萬元，這樣業績就會有三百萬元左右，達成目標就沒問題了。另外以前晚上我都在追劇，從現在開始，我會留在辦公室打電話，爭取與客戶見面的機會。」

協理：「可以幫助你完成目標的資源有哪些？」

業務員：「由於我對轉介紹不是很熟悉，可否請協理教我或是推薦課程，讓我能夠學會相關的技巧。」

協理：「那你現在應該做什麼？」

業務員：「今天晚上留在辦公室整理客戶名單，並且打十通電話給客戶請求轉介紹。」

這位協理與業務員約定每週見面一次，重複目標框架問句，那位業務員後來當然得償願望。未來目標設立後，大家也不妨透過這七個問句，協助自己或他人更容易達成目標。

小試身手

1. 什麼是框架？
2. 什麼是NLP的目標框架問句？
3. 試找一位同事，使用目標框架問句幫助他們。

5-4 引導提問讓對方自行改變

某次我跟一位科技業的主管碰面，原因是受到新冠疫情影響，這家公司的訓練課程全部停擺，但主管又不想讓部門同仁停止成長，所以規劃讓同仁閱讀商業文章，進而分享討論。

主管說，他第一次帶領同仁閱讀時，問的第一個問題是：「大家從這篇文章學到了什麼？」結果現場一片靜默，沒有人發言。

為了打破沉默，他只好先說自己的心得，說完後，全場異口同聲：「老闆，你講得太好了，你講的就是我們的心得。」

主管說這不是他的本意，因為這樣一來，同仁就會變成被動吸收，而非主動反思，效果會大打折扣。於是他問我，之前參加我的內訓溝通課程時，曾讓學員看一部短片，令他印象深刻的是，只是幾分鐘的影片，但我的提問卻讓學員彼此對話，互相交流二十幾分鐘，最終大家意猶未盡，但收穫滿滿。

這位主管想知道，這是什麼魔法？

我回答，這不是魔法，是一種引導手法，稱為「ＯＲＩＤ」焦點討論法；它可以讓被問者循序漸進地思考，讓與會的人多向交流，深入探討，效果非凡。

「焦點討論法」四個層次

ＯＲＩＤ的源起是，美國有位軍中牧師約瑟夫・馬修（Joseph Mathews），二戰期間跟隨美軍四處作戰，看遍了許多驚恐。戰後他回到大學任教，滿腦子想的都是：如何幫助別人度過發生在他們生命中那些不好的事。

後來，馬修發現一位藝術教授對他說的話最有啟發：「任何藝術都是一種三方對話，由藝術品、藝術家和觀賞者所組成的對話。你必須認真地看待這件作品，仔細觀察當中有什麼、沒有什麼，然後認真感受自己對於這件藝術品的反應是什麼？什麼讓你反感？什麼吸引你？直到你可以問自己，這件作品對你的意義為何？」

突然間馬修體認到，這個觀念和他正在閱讀十九世紀丹麥哲學家齊克果（Søren Kierkegaard）的思想不謀而合。齊克果認為，自我就是一連串的關係與覺察，觀察生命中發生的事情，從內在對這些觀察做出反應，然後根據內在反應來創造意義，並從中影響後續的決定。

馬修決定用這種方式來創造一種討論形式，他在各種課程中不斷嘗試，後來他的同事也開始運用這種體驗式教學。他們協力發展出一個較為流暢的型態，適合各種主題，又有完整結構，一種類似藝術型態的對話，因此誕生。最終這套對話型態，被冠上一個響亮的名字──「ＯＲＩＤ」焦點討論法。

ORID分別代表是Objective、Reflective、Interpretive與Decisional四個層次。

The Objective Level（客觀性層次）：這層次問的是事實和現況，透過問題可以讓對方聚焦或是回憶。有趣的是，有時對方與你看見的不盡相同。

這裡可以問的問題有：你看到了什麼？哪些地方引起你的注意？發生了什麼事？你覺得問題出在哪裡？你覺得為什麼會這樣？

The Reflective Level（反映性層次）：這層次是引導對方說出對事實的反應，可能是情緒、感覺或聯想。

這裡可以問的問題有：這讓你聯想到什麼？它讓你有什麼感受？什麼地方很有趣？什麼地方讓你感動？什麼事鼓舞你或是讓你沮喪？

The Interpretive Level（詮釋性層次）：這層次在尋找意義、重要性和涵義，了解對方對事件的解釋和價值觀。

這裡可以問的問題有：這對我們有什麼意義？我們從中學習到什麼？這會如何影響我們的工作？為什麼這對我們很重要？它在告訴我們什麼？

The Decisional Level（決定性層次）：這層次是要找出共識，促使對方對未來下決心或是採取行動，這裡最終要找出方向，或是決定要做什麼事情。

這裡可以問的問題有：我們需要做什麼改變？接下來的步驟為何？我們會採取什麼行

動？誰要負責這些事情？你認為你需要什麼資源？

提問，就是最有利的引導

為什麼ORID會有力量？我借用《六頂思考帽》作者愛德華．狄波諾（Edward de Bono）的話，他說：「一般所謂的對話，其實只是各種意見相互牴觸的紛爭，厲害的人就獲勝。好的對話運用一種平行的思維方式，各種想法並排放下，在想法貢獻出來的過程中先不互動，如此就沒有牴觸、爭議、對與錯的評判。會產生的是對主題真誠的探索，而結論與決定會從中自然衍生。」而ORID剛好滿足這個過程。

這段解釋有點學術，後來我就用一張經典圖片「老婦少女圖」當例子，來跟這位科技主管說明。

「你（在這張圖中）看見了什麼？」這是客觀性問句，可能看見了少女，也可能看見了老婦。

「你有什麼感覺？」這是反映性問句，同一張圖竟然會有兩種不同的解讀，真有趣。

老婦少女示意圖

「你覺得這對你有什麼意義？」這是詮釋性問句，原來每個人觀看同一個事物，會有不同的解讀或想法。

「這張圖啟發了你什麼？」這是決定性問句，以後在跟人討論事情時，可以先聽聽對方的說法，說不定對方有獨到的見解。

這位主管聽完我的說明後，如獲至寶：「看樣子只要按部就班，照著ORID的步驟，就能引導與會人員說出他們的想法！」

我說是的，因為ORID焦點討論法本身是透過問句，而「提問」，本來就是最有力的引導。未來可以運用這種模式，激發大家發言，最終產出結果。

尤其現在線上課程興盛，他們公司也購置相關影片讓員工學習，我建議那位主管也應用ORID，引領部屬思考。以下是我給出的例句：

O客觀性問句：

哪些場景讓你印象深刻？

你記得哪些內容？

哪段話吸引你的注意力？

R反映性問句：

影片中有哪些地方讓你覺得有趣？
什麼地方激勵了你？
影片讓你聯想到工作中的哪些經驗？

I詮釋性問句：

這影片讓你學到什麼？
這影片要表達什麼重點？
這內容為什麼對我們很重要？

D決定性問句：

具體來說，這影片對你的幫助是什麼？
看完影片後，你會想去做哪些不一樣的事？
影片內容若應用在我們的工作中，會有什麼結果？

這位主管後來跟我分享，他依據ORID帶領團隊會議或是學習，就沒有再唱獨角戲了，因為只要問題一丟出，就會有人主動接招搶先發言。團隊的話匣子被打開，要蓋上都很難，他現在要傷腦筋的，反而是適當地暫停對話了。

範例一：讓對方自行改變的利器

我也趁這個機會跟這位主管說，ORID不單只是這樣，而是一種可以讓對方自行改變的利器。

於是我跟他分享有位製造業的主管，發現他的部屬近期工作效率不彰，常常延誤專案時間，造成大家困擾，這位主管所使用的ORID。目標是要讓部屬知道問題的嚴重性，並且讓他有所改進。

開場白：我看到你工作上有些延誤，這讓我非常地擔心，同時我也收到同事對你的抱怨，我想要了解你的情況，然後我們一起處理它，好嗎？

O客觀性問句：

目前你要執行哪些專案？

哪個讓你耗費最多心力？

你延遲的專案有哪些？

R反映性問句：

目前工作給你的感覺如何？

有什麼是最困難的？

哪些地方讓你感到很挫折？

I詮釋性問句：

目前有哪裡需要突破？

有哪些方法可以幫助你？

你覺得同事們都是如何處理這些困難的？

D決定性問句：

我可以怎麼幫你？

接下來我們可以做的有？

我們可以做什麼確保你的工作進度有效達成？

結尾：我覺得我們這次談話很有共識，謝謝你。如果你有遇到任何困難，請來找我，我隨時都在。

由於ORID是一種對話，所以在問與答之間，會有許多變數。我們不能只把事先準備好的問題照本宣科地唸出來，這樣就像是機器人一樣沒有感情。我們應該留心並全神貫注，有時你會發現原先準備好的問題不適用，有時也會發現某層次的問題不夠，或是提問口吻太僵硬，這些都很正常。人無完人，事無完美，有心，就能坦然面對。

ORID可以應用的範疇其實很廣，舉凡教練與輔導、會議與策劃、管理與決策、評量與回饋等面向都可以，只有想不到，沒有問不到。最後，我再舉一個企業組織裡，主管常要與部屬做的績效面談當例子。

範例二：問答之間，完成績效面談

開場白：又到了三個月一次的績效面談，我想你應該有很多好事要跟我分享，或許也有些抱怨或壓力，沒關係，我都想了解，我的工作是要協助你發展，達成今年的績效。

O客觀性問句：

自從上次到現在，你工作的情況如何？

有哪些額外插進來的工作是我不曉得的？

那些工作主要在做什麼？

R反映性問句：

這三個月來你最有成就感的是什麼？

有哪些不如意的事情？

哪些時候你覺得很無助？

I 詮釋性問句：

你覺得這段日子最大的貢獻是什麼？

距離今年的目標，你的看法是？

哪裡需要突破？

D 決定性問句：

你下一季的計畫是什麼？

你認為你需要什麼資源？

你覺得我們這樣的談話要多還是要少？為什麼？

結尾：這次談話對我來說很珍貴，我希望對你同樣有幫助。任何時刻你需要我，請不要遲疑，來找我就對了。

正如《第五項修煉》作者彼得・聖吉（Peter Senge）倡導：只靠領導者獨自一人的企業，在現今是無法生存的，打造學習型組織，才能找到組織的未來。而**學習型組織的修煉，則需從深度匯談開始，擬出假設，共同思考。而ORID就是一種深度匯談，提問者只需設計好問題，就能讓組織自行發生變化。**

小試身手

1. 什麼是ORID？
2. 試找一篇商業文章，運用ORID引導團隊討論。
3. 試找一位同事，使用ORID教練他的績效。

5-5 NLP問句教你找回遺失訊息

我們每天都在說話，想要完整傳遞訊息給對方。但有趣的是，我們說出口的話，有時會遺漏訊息，讓我們的說話內容不完整，造成溝通障礙。

舉例來說，當有人對你和你的朋友說：「你們兩個實在有夠像，難怪感情這麼好。」這句話中的「有夠像」就是一個模糊的訊息。

「有夠像」是指什麼地方像？是外表，還是個性像？或是做事的方式相像？如果沒有釐清對方真正要表達的意思，只是自己胡亂臆測，就會產生誤解。

再舉一個例子。

辦公室裡有人對你說：「大家都說你的工作能力有問題，無法擔任主管。」如果你不經思考就信了這句話，以為大家都不看好你，就會落入語言的陷阱，心情因此受到影響。

但仔細想想，「大家都說你的工作能力有問題」，話裡的「大家」指的是誰？是一個人？兩個人？還是三個人？「工作能力有問題」的定義又是什麼？是領導統御？還是溝通表達能力？或是解決問題的能力？如果你知道對方的語言有許多遺漏，就可以透過詢問，找回失落資訊，釐清真相。

NLP神經語言學把這種因為對話訊息不完整，造成溝通不良的情況，分為「刪除」、

「扭曲」、「一般化」三大類。你可以透過NLP的「問句模式」來蒐集資訊，釐清對方真正的意思。

面對訊息被「刪除」：省略資訊或不具體

溝通時，對方的話省略了一些資訊或說得不具體，NLP神經語言學稱這種情況為訊息被「刪除」。

譬如，「我很難過！」「我一想到明天的事，就會很緊張！」「跟別人溝通真的很難！」「你不覺得新來的主管怪怪的嗎？」「老闆，出事了！」這些話都有訊息被刪除。

面對這種「刪除」的情況，**我們可以用「誰」、「什麼事情」、「什麼時候」、「在什麼地方」或「為什麼」的問句模式來提問，這樣就可以找回被刪除的訊息**。

舉例來說，有人對你說：「我很難過！」這句話沒有告訴我們是什麼事情讓他難過？也沒說清楚是怎樣的難過？所以你可以這樣問：「是誰讓你難過？」「你為什麼覺得難過？」「什麼事情讓你覺得難過呢？」透過這樣的提問，就能搜集更多訊息來處理事情。

又有人對你說：「我一想到明天的事，就會很緊張！」這句話被刪除的是明天的什麼事？也沒說緊張的原因是什麼？所以我們可以這樣問：「明天有什麼事情讓你很緊張？」「你緊張的原因是什麼？」這樣就可以了解原因，並提供想法，幫助對方解決問題。

「跟別人溝通真的很難！」這句話沒說清楚別人是誰？他是如何溝通的？所以我們可以問：「跟誰溝通讓你覺得很困難？」「你為什麼會這樣說呢？」「發生了什麼事，讓你覺得溝通很難？」

「你不覺得新來的主管怪怪的嗎？」當對方沒有明確說出哪裡怪？我們也可以用問句來明確：「他做了什麼事，讓你覺得怪？」或是「你是怎麼知道他怪怪的？」

當你的部屬跟你說：「老闆，出事了！」像這種無厘頭的語言，你可以問他：「誰出事了？」或是「出了什麼事？」來了解全貌。

面對訊息被「扭曲」：加入主觀或揣測

溝通時，說話者以為自己知道別人的看法，其實他只是加入自己的主觀，或是用自己的立場來揣測他人，但事實並非如他所想像，ＮＬＰ神經語言學稱這種情況為溝通中的「扭曲」。

舉個例子，有個男生對女生說：「你這件衣服不太好看，你一定很後悔買這件衣服。」這句話的前半段「你這件衣服不太好看，」是男生的主觀，我們不能說他的對錯；但句子的後半段「你一定很後悔買這件衣服，」這就是猜測了，男生怎麼會知道女生後悔呢？後不後悔，是取決於女生自己。

面對這種斬釘截鐵或是主觀的話，**我們可以用ＮＬＰ的問句模式「你怎麼知道？」「可以**

具體說明嗎？」或是「為什麼你會這樣想呢？」來還原被「扭曲」的訊息。

舉例來說，如果有人對你說：「我知道她要離職了！」這句話牽扯到對方是怎麼知道的？是當事人親口跟他說，還是道聽塗說？若是沒問清楚就相信，後續會產生不必要的誤會。我們可以問對方：「你是怎麼知道她要離職呢？」這樣我們就能進一步了解對方是怎麼知道這件事，以辨真假。

當有人對你說：「我想凱莉一定討厭我！」這是他的臆測，我們可以問：「你怎麼知道凱莉討厭你呢？」當事人會說出原因，說不定你聽完後會啼笑皆非。

當有人對你說：「我的上司要求我每天回報，他一定是不信任我。」這也是當事人的主觀，你可以用「你怎麼知道他要求你每天回報，就是不信任你呢？」或「為什麼你會這樣想呢？」好讓當事人釐清疑惑。

「要是他願意幫忙，我們的專案就不會延誤了。」這句話也是扭曲假設。我們可以問：「你怎麼知道如果他願意幫忙，我們的專案就不會延誤？」或是「可以具體說明，我們碰到什麼問題一定需要他幫忙？」這樣更能了解事件原委，對症下藥。

有些人習慣用「景氣不好，生意難做」來規避責任，我們可以提醒他們：「可以具體說明，你怎麼知道景氣不好？」或是「你怎麼知道，生意不好和景氣有關係呢？」

面對訊息被「一般化」：以偏概全或侷限

溝通時，有些人會以偏概全，或是脫口說出一些限制性的話，這種情況ＮＬＰ神經語言學稱之為「一般化」。

譬如，「你怎麼每次都遲到！」「主管從來都不關心我！」「打陌生電話給客戶，我一定不行！」「我非要這麼做不可！」類似這樣的語言，或許對別人造成傷害，讓人不舒服；或許侷限自己，失去許多的可能性。

ＮＬＰ把這種一般化的語言，分為兩種：

第一種是，**當對方的語言中有「每次」、「總是」、「從來不」這種概括性字眼，我們可以用「難道沒有一次？」「真的連一次都沒有嗎？」來提問**。

舉例來說，當有人跟你說：「你怎麼每次都遲到？」你聽到後可以這樣問對方：「難道我沒有一次準時過嗎？」如果你的表情是半開玩笑，對方通常會啞然失笑，發現自己說錯了。當然如果你是真的遲到，可以正面回應：「抱歉，我臨時有事遲到了，是我的不對，我下次不會再犯，因為我大部分時候都是準時的。」

有時太太會向先生抱怨：「你總是忘記我交代你的事。」先生可以俏皮地說：「好啦，對不起，這次是我疏忽了，看要怎麼賠罪？但我昨天有記得幫你拿送洗衣服喔，應該不是總是忘記吧？」用這些方式增添生活情趣。

再舉一個例子，當有人對你說：「我的主管從來都不關心我，只關心我的業績！」我們可以這樣問：「你的主管真的連一次都沒有關心過你嗎？應該不是吧。」當你這樣問後，對方可能會猛然想起：有啦！主管上個月才對他噓寒問暖過。如果對方回答你：「他連一次都沒有。」我們可以安撫他：「對你而言，什麼是關心呢？」來找出他對關心的定義。

第二種一般化的語言是「一定」、「必須」、「非得」這種絕對性詞彙，我們可以用「如果沒有……會發生什麼事？」或是「如果做了……會發生什麼事？」來提問。

舉例來說，當有人跟你說：「打電話給陌生客戶，我一定不行啦！」這句話有「一定」，所以我們可以這樣問：「如果你打了陌生電話，會怎麼樣呢？」這樣他會說出更多訊息，我們就可以找方法幫助他。

「客戶永遠是對的，我們必須吞下去。」我們可以問：「如果沒有吞下去，會發生什麼事呢？」有時客戶無理取鬧，不見得都要忍氣吞聲，說不定評估後，舊的不去新的不來，反而海闊天空。

再舉一個例子，當有人跟你說：「我非得這麼做不可！」這話就是對自己設下限制，感覺沒有其他辦法。此時我們可以這樣問：「如果你不這麼做，會發生什麼事呢？」對方會多想一層，讓他不被自己束縛。

NLP的問句模式可以幫助我們在溝通時，找出遺漏訊息，讓對話更寬廣，進而創造出更好的溝通結果。只是有一點要提醒大家，**問句模式不是質詢，也不是攻擊，所以我們要注意發問的語氣，以免對方覺得我們在挑釁**。通常只要語帶親切，別人會感受到你的真心，自然願意說更多。

小試身手

1. 那個客戶很難搞，試用刪除的問句模式提問。
2. 我知道主管對你不爽，試用扭曲的問句模式提問。
3. 那個專案一定不會成功，試用一般化的問句模式提問。

第六章
指導Direct，建立長久關係

討論「指導」之前，先問問自己這個問題。

你是不是老覺得團隊中大部分的人，就算沒有很優秀，但也都不夠好？有人常提出不錯的點子，可是執行力太差，做事總是半吊子。有人做事效率一流，但脾氣不好，經常惹同事生氣。有人雖會協助團隊，但總愛碎碎念，讓你聽了很不爽。

為此你感到沮喪，於是把許多事情攬在自己身上，同時在心裡犯嘀咕：為什麼這些人不能像你一樣，好好做事不行嗎？

其實，這些問題不單是你的問題，也是許多企業領導人會遇到的問題。大多數的領導者在成為領導人之後，仍然很操勞，無論團隊有多大，都只有一個腦筋在動，那就是他們自己。

可怕的是，現今的企業已經不是把以前會做的工作做得更好而已，團隊必須隨著環境變化，有自主創新的能力。許多主管在要求績效時，卻忘了主管還有一個角色，那就是指導，協助部屬發展與成長。

尤其在易變、不確定、複雜性、模糊性的「VUCA時代」（編按：即「Volatility」易變性、「Uncertainty」不確定性、「Complexity」複雜性、及「Ambiguity」模糊性），我們隨時都在競賽。**這場競賽需要敏捷力、應變力與適應力，而這些都必須靠主管隨人隨事「指導」，企業最終才可能成為贏家。**

指導，可以協助員工更好，讓企業因此越來越好，何樂而不為？要從哪裡開始，讓我們**先說真話吧！**

6-1 說真話，帶領團隊成長

金．史考特（Kim Scott）是《徹底坦率》一書的作者，她在書中說了一個她任職谷歌時，與她當時的主管雪柔．桑德伯格對話的故事。

史考特說她加入谷歌不久，就有機會向當時的執行長和兩位創辦人簡報績效，桑德伯格也在場。會議結束後，桑德伯格在門邊等她。當時桑德伯格對她說：「妳願意跟我一起走回辦公室嗎？」史考特聽到這句話，覺得有事要發生。

「你在谷歌會很出色，」桑德伯格對她說：「你能夠兼顧正反兩面，而不是只講自己的觀點，這讓我們非常相信你。」桑德伯格說出她的看見，並肯定史考特在會議上的表現。

最後，桑德伯格說：「從你處理這些問題的態度和論證的方式，我學到了很多。」這話聽起來像恭維，但史考特從桑德伯格的眼中看到了真心。

但還是有些不對勁，所以史考特直接問桑德伯格，「我是不是哪裡做錯了？」

桑德伯格笑了起來，「你總是在說你沒做到的，但我希望你能花一分鐘想想你做得好的地方，因為整體來看，你真的做得很好。對了！你一直在說『嗯』，你自己知道嗎？是因為緊張嗎？」

史考特搖了搖手，「我知道我說太多『嗯』了，但我不覺得這是因為緊張，大概是我的口頭禪吧！」

桑德伯格說：「沒理由讓這種口頭禪絆住你，需要我找人協助你嗎？」

「不用啦，這是小事。」史考特再次搖了搖手。

桑德伯格又笑了，她柔聲地告訴史考特：「當你揮出這種手勢的時候，我覺得你是在忽視我的話。我現在必須直接告訴你，史考特，你是我見過最聰明的人之一，但在簡報時說那麼多的『嗯』，會讓你聽起來很不專業。」

這句話引起了史考特的注意，「幸好，我認識一位表達教練很厲害，他可以幫你解決『嗯』這個問題，我相信你一定能戒掉。當然，公司會幫你出這筆費用。」桑德伯格說道。

聽到這，史考特欣然接受桑德伯格的建議，並在上完三堂課後，就有了顯著進步。爾後，正如桑德伯格的預料，史考特在谷歌有很好的發展。

「不好意思說真話」的主管

無數的管理理論和書籍都提出，「說真話」對企業組織會帶來非凡的影響，尤其主管指導員工，更必須說真話。

我的一位朋友是公關公司老闆，公司規模不大，十人左右。但因口碑良好，客戶介紹客戶，安安穩穩也過了好幾年。

他們家有位會計，自公司初創時就在，平時記帳、發薪資，匯款給廠商，沒有什麼大事，我的朋友也就沒有特別關注她。

直到開始有廠商反應，款項金額少匯了、或是延遲。還有些同仁反應，竟然收到有關別人薪資的郵件，還好內部有保密規範，他們沒打開郵件就直接刪除了。有次連稽核的會計師都提醒這位朋友，公司的會計報帳不確實，要被國稅局罰鍰。就這樣，大大小小的問題陸續出現。

我的朋友想，可能是會計成天在數字堆裡打轉，頭昏眼花。於是安排了一個項目給她，請她去幫客戶找春酒場地。沒想到這一找，花了一個月時間，不但沒定案，也沒回報發生什麼事。

眼看著客戶春酒的時間日漸逼近，我的朋友把會計叫來辦公室問，沒想到得到的答案是，因為跟飯店的費用談不攏，所以遲遲沒有下訂。

我的朋友相當生氣，打算給予處罰。但突然看到這位會計滿頭華髮、滿臉倦容，心想這些年對方沒有功勞、也有苦勞，於是動了惻隱之心，沒說她的不是，叫她趕緊跟飯店簽約，就讓她出去了。

過了幾星期，這位會計犯了更大的錯，公司因此蒙受更大的損失。之後，又陸續發生一些事，為避免事態擴大，我這位朋友只好資遣她，並告訴對方，她的能力實在不行。會計聽完我朋友的話後，只氣憤地說了一句：「那你為什麼從來沒有告訴我，我表現不好？」

這種管理者不好意思說真話，沒能及早讓員工意識到問題的嚴重性，以為老闆總是認可她的表現，最終不但害了公司，也害了員工。

說真話前，先做三件事

既然說真話很重要，我們該如何說真話？我認為有三件事要做：

首先、建立關係

幾年前，一套使用NBA球員表現加上教練執教技巧，來預測一支球隊會贏得多少比賽的運算公式出現。鑑於球員的表現，大多數教練都贏得他們應該贏下的比賽。但有一位教練，卻在這項統計中出類拔萃，那就是他贏下許多原本沒有預期會贏的比賽。

這位教練就是美國職籃聖安東尼奧馬刺隊總教練格雷格．波波維奇（Gregg Popovich），他個人的執教能力，讓個別球員的表現雖不是特別頂尖，可是團隊加總起來卻有相乘的效果，這也是為何馬刺隊能在過去二十年，成為美國運動界最成功的團隊主因。

波波維奇是個強悍老派、說起話來理直氣壯的權威型教練，這樣的人如何打造出最有凝聚力的團隊？原因就在於他只說真話，不說廢話，然後他相信你一定做得到。

波波維奇之所以可以和球員直球對決，是因為他花時間與球員建立關係，讓球員與他連結。他除了讓球員看見自己在球場上的表現外，也讓球員知道這世界不是只有籃球，你可以放心分享你的看見，讓彼此更了解彼此。而波波維奇與隊上的明星球員鄧肯（Tim Duncan）的關係，就是最好的例子。

一九九七年，馬刺隊在首輪簽選到了鄧肯。

在此之前，波波維奇先飛到鄧肯位在聖克羅伊島的家裡，與這位大學球星碰面。他們不只私下碰面，波波維奇還花四天時間在島上旅遊，拜訪鄧肯的親友，了解鄧肯的個性，親友怎麼看他，這些都有利於波波維奇帶領鄧肯融入團隊。

在此之後，波波維奇與鄧肯建立起如父子般的情誼，互相信任，無話不談。波波維奇這樣帶球員的舉動，也用在每位馬刺隊的球員身上。

波波維奇喜歡美食和美酒，他認為，美食和美酒不僅僅只是食物，更是用來打造關係的一個連結載具。所以，馬刺隊球員在一起用餐的次數，跟他們一起打籃球的次數相當，顯見波波維奇真的很用心在經營關係。

波波維奇也會邀球員一起觀看如同志婚姻、選舉法案、種族歧視和恐怖主義的影片，然後問大家，怎麼看待這些事？在那個當下你會怎麼做？波波維奇認為，問題本身不重要，重要的是，討論那些影片，可以讓球員們說出內心想法。

許多企業都誤解了一個文化觀念，以為帶人的前提只能開心快樂，但如果團隊都戴上面具，虛偽做作，容易造成表象平和，私下卻暗潮洶湧，對企業團結不利。所以，就算有些話會令人不舒服，也必須實話實說。

但說真話之前，必須像波波維奇一樣，先花時間建立關係。有了這層情感帳戶，對方才會覺得你是真心為他好，不致引起對方的反彈。記住，**時間是建立關係的必需品，而不是奢侈品。**

其次、營造氣氛

微軟前大中華地區副總裁蔡恩全說過，他早年在惠普當工程師時，主管常跟他一對一面談。每次面談時，桌上都會放兩杯水，都是主管親手倒給他的。他的主管總是說：「來，喝杯水，放輕鬆。」

「倒水」這樣的舉動，不過舉手之勞，卻代表著尊重。後來蔡恩全當上主管，也經常對同事這樣做，因為透過倒水、倒咖啡這樣簡單的動作，可以營造友善的氛圍。

私下交流時，蔡恩全說他喜歡跟員工在戶外邊走邊談，透過走路可以讓人放鬆，對達成共識很有幫助。對比在辦公室裡的上對下關係，雖然有時會花更多的時間，不那麼高效，但卻可以讓談話不這麼緊繃，有利於管理。

可見，在指導上，氛圍營造是談話成功的關鍵之一，因為一旦主管找部屬晤談，他心裡會想，是不是我做錯什麼了？我最近的表現好嗎？主管會不會又要交代事情給我？

正因為部屬會有所不安，所以主管應該儘早讓部屬心安，開放的肢體語言，友善的態度，甚至為對方著想的開場白，都是一種氣氛的營造。好的氣氛，更能襯托你的真心。

最後、真心對話

「這不是你本來就應該知道的嗎？」「為什麼你沒有注意到這個細節？」「你為什麼不照我告訴你的方法做？」有些主管的問話像啄木鳥，精準犀利。

話說啄木鳥有個尖銳的喙，用來鑿開樹皮，把危害樹木的害蟲如天牛幼蟲、金龜甲、白蟻等抓出來吃掉，所以大部分啄木鳥都是各國林務單位的最佳幫手。不過，也有些啄木鳥會過度啃食樹皮，或是刻意開洞吸食樹汁，導致樹木營養不良，最終枯萎。

使用啄木鳥式對話的主管，有時會過度啃食，常不經意地展現強勢，令人心生畏懼，不知所措。尤其對自信不足者更是打擊，彷彿你是來摧毀他，而非建造他。

如果主管只顧自己說得爽，不顧員工聽得不爽，基本上就是**無效對話**。尤其有人一開口就問，「你為什麼要這樣做？」很容易激起對方的防禦姿態。

其實，員工在意的不一定是你告訴他有錯，而是他當下的感受。所以，你可以先告訴他，接下來你要說的話，或許會讓他不好受，有任何不舒服，請務必跟你說。因為，你的部屬不需要一個攻擊他的敵人，而是需要一個跟他在一起的將領。

我想，只要做好這三件事，先打造關係，次營造氣氛，後真心對話，您的團隊績效，將會產生無以倫比的變化。

小試身手

1. 說真話，有哪三件事要做？
2. 平時我們可以怎麼打造關係？
3. 有哪些方法可以營造氣氛？

6-2 用「肯定」代替指責

我曾經在一篇文章看到，為何三國時代的劉備，能讓孔明、關公和張飛為他效命？原因是因為他常對他們說：「**你說的有道理，你講的這件事很重要，我怎麼沒想到！**」

當然這個故事的真實性已不可考，但仔細咀嚼，這三句話用在主管和部屬，或人際溝通上，都在**創造肯定**。

來看第一句，「你說的有道理」。溝通的本質是對話、不是對抗，如果在對話時不認同對方，對方自然也不會認同你。尤其當部屬在講個人觀點時，必定有其道理，只要我們能先尊重對方，就能繼續對話。

要不大家可以試試，下次在跟別人對話時，都回以「你講的沒道理」，來看看對方反應，保證對方覺得話不投機半句多。

第二句是，「你講的這件事很重要」。當你說出這句話時，部屬會覺得受到肯定而想要說更多，對你所說的話也會耐心聆聽，你們的交談就會像陣和風，讓彼此如沐春風。

不然，大家可以在溝通時，把相反的這句「你講的這些我都認為還好」掛嘴邊，你就會知道「你講的這件事很重要」，有多重要了。

最後一句，「我怎麼沒想到」。有些主管沒耐性，常打斷部屬發言，甚至習慣潑人冷水，這樣一來，員工當然不喜歡跟他說話。最好的方式是，常把「我怎麼沒想到，」這句話當口頭禪，讓對方贏。

雖然我們讓對方贏，卻不代表我們輸了。**因為溝通不是在輸贏，而是要雙贏**，說不定，我們會因此知曉更多。

「我怎麼沒想到」，這句話真的很高明，不然，大家可以試著把「你講的這些，我老早就知道，」多重複幾次，看看你會不會遭到大白眼。

讚美，能激發下屬的熱忱

美國鋼鐵大王安德魯・卡內基（Andrew Carnegie）曾以年薪百萬美元，延攬當時才三十八歲的查理斯・施瓦布（Charles Schwab），擔任剛成立的美國鋼鐵公司第一任總裁。

記者問卡內基為何選擇此人？是對方天賦異稟嗎？不是。還是他最懂得鋼鐵製造？也不是。卡內基說，在他麾下，比施瓦布了解鋼鐵的專家比比皆是。

「施瓦布之所以可以坐領高薪，是因為他最會讚美別人。」卡內基回答。施瓦布自己也說：「我認為，我的才能便是激發下屬的熱忱，我的方法雖然簡單但強大，那就是讚賞和鼓勵對方。」

「在這世界上，最容易摧毀部屬的，就是上司的指責。我從不指責任何人，我由衷地嘉獎他人，從不吝惜讚美，我深信這是人們努力工作的激勵因子。」

人類工作的深層驅動力，就是希望被看見。而讚美與肯定，就像寒夜的曙光，溫暖人們的內心，照亮前方的道路。所以，無論個人地位如何崇高，唯有說出的肯定多於指責，才更能帶領團隊前進。

某次，我幫一家打造自動化的創新公司上課，在「讚美單元」練習，看到執行長稱讚一位員工完成艱鉅任務特別感激他時，那位員工當場紅了眼眶，執行長也真情流露，兩人就在課堂上抱頭痛哭，好一會兒才平復情緒。

執行長後來跟我分享，他從小在一個高標準的家庭中長大，做得好是應該，做不好被罵是家常便飯。導致他創業後，也用同樣的標準要求員工，難怪員工與他不親近，影響領導效能。

課程尾聲，執行長承諾，每天至少要發掘一位員工的付出，去看見他人的努力，並依此表揚他人，讓辦公室常保馨香。

但，讚美是需要技巧的，有些人會把你好棒、你好優秀、帥哥美女掛嘴邊，對每個人都是這樣說，聽久，真覺得客套又敷衍。

讚美，有三大原則

我有一位朋友的工作是撰寫廣告文案，有時她會把寫好的文案先給她老公看，問他覺得怎麼樣？她老公通常會說：「嗯，寫的不錯。」如果她追問：「好在哪裡？」她老公就會說：「我說不出哪裡好，反正就是寫得好。」朋友說，她剛開始聽到她老公這樣說，還滿開心的，但聽久了，總覺得少了點什麼。

所以，**讚美第一原則，要具體描述**。

我們可以讚美對方的所作所為，好讓對方知道，我們有用心發現他們的長處，是為他們量身打造的。譬如：

公司這季推動的方案，還好有你新穎的點子，讓我們的業績比去年同期提高了一倍，你真厲害。

這個專案因為有你的參與，節省了團隊不少時間，能有你這樣的同事，實在是我們的福氣。

這次尾牙活動幸好有你，無論是策畫還是上台演出，你都貢獻不少，真是多才多藝。

從具體事實來讚美對方，除了讓對方知道他好在哪裡外，也讓對方覺得他的付出很值得。

讚美第二原則，態度要真誠。

唯有真心的讚美，才能感動他人。言過其實，或是虛情假意，都會令聽者不自在，當然心懷企圖的讚美，更讓人不舒服。如果真的不知道該說什麼，就真誠地表達你的看見就好。

二〇二三年九月二日第八十屆威尼斯影展，香港影帝梁朝偉獲頒金獅獎終身成就獎。他是首位獲獎的香港演員，先前獲得這個獎項的亞洲人只有五位，包括黑澤明、宮崎駿、許鞍華、吳宇森以及印度導演薩雅吉．雷，足見其難能可貴。

當時這個獎項是由國際知名導演李安頒發，李安上台致詞時，形容梁朝偉是所有導演的夢想，他是用靈魂演戲。無論是喜劇、動作片或是嚴肅戲劇，他的表演總令人陶醉，他的存在可以提升電影的質感。他的眼神有一種魔力，他在一個眼神中所能表達的東西，比許多演員在完整獨白中所能表達的還要多。

然後，李安陳述梁朝偉除了演技外，還有顆體貼的心。

李安說在電影《色戒》拍攝期間，某天他自己因為一場戲卡住，情緒很不好。這時梁朝偉走向他，對他說：「導演，我們演員赤裸裸地暴露肌膚，而你則是暴露內心，你要好好照顧自己。」一般人總認為是導演幫助了演員，但有時演員也會給導演力量，而梁朝偉就是這樣的一個人，無須刻意，自然而然就填補了人們的需要。

最後李安說，如果你有天賦和與生俱來的外貌，那會是一份禮物；但如果你能不斷讓人覺得你是個善良的人，那就是終身成就，梁朝偉在這方面做得非常出色。接著他對梁朝偉說，我希望我能清楚表達你的好，但我真的不能，因為它超越了語言能形容的範疇。

後來梁朝偉上台領獎的第一句話是，「李安，我知道你會讓我哭的，」由此可見，真誠讚美的威力。

讚美第三原則，讚美要及時。看見對方做出好事，馬上給予讚美，讓對方知道他的付出有被看見。若來不及口頭肯定，也可以用簡訊、卡片替代。

這十幾年，我受某基金會邀請推動品格教育，在偏鄉、學校講授溝通價值觀，每每在「語言力量」的單元中，會看到許多同學、夫妻雙方、老師互相書寫卡片，彼此給予肯定，有人還因此落淚。可見發自內心且及時的稱讚，給人的衝擊很大。

基金會的主事也常寫卡片給我，佩服我對基金會推動品格教育的熱忱與樂於付出，因為有我的同行讓他們的步伐更加穩健篤定……這些卡片我都珍藏著，三不五時取出細讀肯定自己，也替我的教育使命續添柴火。

讚美加肯定，激勵效果倍增

總之，**讚美是種「魔法」**，好似多巴胺讓人愉悅，職場多點肯定，會使人倍感激勵，得著溫暖。

但，如何多點肯定？我建議用**肯定三部曲：描述事實、說明影響、以及表達感激**。

譬如，「小美，團隊從你今天主辦的課程中學到很多，我想和你說謝謝，因為你對內容的用心，讓團隊有許多的獲得，」這是在描述事實。

「這也影響團隊，以後對課程規劃要更加慎重，不懂的地方要多請教他人，」這是在說明影響。

「我相信你一定能帶領更多的同事成長，我們的團隊有你真好，真的謝謝你，」這是在表達感激。

再看一個例子，「瑪莉，今天聽你分享工作經驗和客訴處理，讓我們很有收穫，」這是描述事實。

「對公司來說，一方面是可以傳承故事，經驗交流。另一方面，讓團隊學到不同的思維，以利未來做事，」說明影響。

「我相信你為了這個分享一定絞盡腦汁，真的謝謝你願意花時間，讓我們的團隊變得更好。」表達感激。

身為領導人，固然要指出同仁的不足，也要肯定對方的付出，雙管齊下、不可偏廢。但正如《聖經》所言：「良言如同蜂房，使心覺甘甜，使骨得醫治，」多用肯定代替指責，我們就會激發部屬的潛能，為企業帶來更大的力量。

小試身手

1. 有哪三句肯定的話可以多說？
2. 讚美有哪三個原則？
3. 肯定三部曲為何？試找一位同事用之。

6-3 真心回饋讓企業破繭而出

美國前總統歐巴馬的法律顧問，哈佛大學教授凱斯．桑思汀（Cass R. Sunstein）在他的著作《信息烏托邦》（簡體書版）中提出一個著名的概念：「信息繭房」，指的是人們關注的信息領域，會習慣性地被自己的興趣所引導，最終將自己封閉在像蠶繭一樣的繭房中。

繭房使我們故步自封、坐井觀天，生活在信息繭房的個人，會逐漸喪失看事物全貌的能力，離真相越來越遠。

那要如何「破繭而出」？最好的方式就是**接受他人的回饋，用別人的眼界擴張我們的境界**。許多研究都顯示，一間有良好回饋文化的公司，業績會比沒有回饋文化的企業好上許多。所以，對企業組織而言，**如何回饋**就變得非常重要。

Netflix創辦人暨執行長里德．海斯汀（Reed Hastings）在他的著作《零規則》就提及，Netflix如何吸引人才、引發創新？靠的就是誠實敢言，建立回饋循環。

海斯汀要求每個人對彼此給予真實，且適當的回饋。因為真正的人才，在意的是實質表現，而不是虛假尊嚴。他也要求主管，要鼓勵同事給自己建議，且要認真改進，主管越常以身作則，部屬會更習慣給別人回饋。

但，不曉得大家有無這樣的經驗，到了年底要考核時，主管才告知，你有許多地方要改進；或是你希望同事給意見，卻常常得到惡毒的評論；當你帶著善意對同事提供建議，可是對方卻覺得你在攻擊他⋯⋯。許多人的經驗是，只要一提到回饋，印象都是刁難與否定。

其實，回饋的定義很簡單，它是為了協助個人或團體改善或進步，而給予他人清楚明確的訊息。目的是在提供有用的意見，而這個建議可以幫助大家行為改變，著眼於對個人或公司有好處。

可見，回饋是一項工具，而不是武器；是一種溝通，而不是指控；是有建設性的，而非破壞性的；是要幫助別人，而非打壓異己；是要以信賴為基礎，而不是以懷疑為動機。

如何啟動良好的回饋文化

一個有良好回饋文化的企業，我認為每個人都必須輪流擔任三種角色，分別是懇請回饋、給予回饋和接受回饋。

一、懇請回饋

懇請回饋指的是，為了自身發展或成長，積極請求別人提供回饋。

懇請回饋的好處很多，尤其「請教」這個行為，本身就包含謙虛的態度，「滿招損，謙受益」，是亙古不變的道理。有懇請回饋文化的企業，員工會坦誠溝通，因為大家都知道，我們的目的是為了讓事情更好，這樣無論是給予或是接受回饋，都不會有壓力，因此團隊會變得強大，決策會變得更有效能。

那麼，該如何懇請回饋？要做好兩件事，第一是要告訴對方為何你要請教他，第二是提問要聚焦。

如果你覺得自己在工作上碰到困難，可以請教別人，或是請他們觀察你有哪些地方需要做得更好。但為何**人們不喜歡直接給出回饋，是因為擔心回饋會傷害到對方**。

所以，當你要別人給你回饋時，你必須讓對方知道，為何需要他的回饋？是因為他的經驗，還是專業，或是他讓你如沐春風，這樣對方會對給你回饋這件事，比較安心。

另外，懇請回饋的**提問要聚焦**。如果我們的問題範圍太大，別人會不知道該如何回答。譬如，你問同事「我報告的怎麼樣？」這種問題會讓給你回饋的人很難回答，因為範圍太廣。

最好的方式是，「我剛剛向資訊部門的報告，簡報製作的如何？我的肢體語言有沒有狀況？如果你可以給我這兩方面的回饋，我相信我未來的簡報表現會更好。」

回饋一旦有了目標，給予回饋的人就會知道，他要如何回饋，對你才會有幫助。而不會天馬行空，說的不是你想聽的，浪費雙方的時間。

二、給予回饋

有本書叫《給予》，作者是華頓商學院教授亞當・格蘭特（Adam M. Grant），專門研究組織心理學的他發現，一個人的成功，取決於與他人互動的方式。

他也透過許多案例論證說明，一般人總認為商場如戰場，索取才是王道，但他發現，能夠走向成功的人都是給予者，那些信奉「利他主義」的人，往往都是最後的贏家。因為未來是分享與合作的時代，只有給予，才能為團隊帶來穩定且持久的力量。

做為給予回饋的人，回饋要真誠清楚，是為了幫助對方，是為了把事情做好，不要帶主觀的評判，也不是為了發洩，更不是為了中傷。

要扮演好給予角色，我們必須先問對方，是否願意接受回饋？現在這個時機是否恰當？因為不請自來的回饋，會讓接受回饋的人感到莫名其妙。另外，他想要如何被回饋？是直話直說，還是讚美先說？彼此對焦，才能聚焦。

要如何正確地給予回饋？有三條準則可依循：

第一，回饋是以協助為目的。

每當要提供回饋時，要先問自己：「我講的是觀察？還是情緒？」保持中立，不先入為主。

回饋的語言是利他，而不是貶他。比如，你和同事約好早上十點要跟老闆報告，結果同事十點五分才匆忙趕到，害你一起被老闆罵。你要如何給同事回饋呢？如果你說：「你難道不知道跟老闆開會要準時嗎？害我也被罵，真是氣死我了。」這其實只在表達怒氣，沒有幫助到對方。

正確的回饋應該是，「和老闆開會，如果你準時到，老闆會覺得你很重視這件事，我們得到老闆認可的機率就會大增。」這種回饋是與對方站在一起，目的是協助對方。

第二，回饋內容要切實可行。

如果回饋沒有可行性，對方無法參考或依此改進，這樣的回饋就沒有價值可言。有時在公司，我們會聽到有人說：「你這個提案沒有亮點。」當你反問：「請問你指的亮點為何？」對方卻說不出所以然，這種回饋就只是砲火。

可行性的回饋是，「你這個提案講到行銷活動，我想如果可以找一些KOL（關鍵意見領袖）來主持，活動會更加吸引人。我有三個KOL人選，過去主持的成效都很好，你可以參考看看。」具體給出建議，沒有論斷、不打高空，這樣的回饋更令人接受。

第三，說明對方改變後的行為，可產生什麼影響。

正確的回饋，不僅能讓對方留下好印象，也能產生實際效果。所以給予回饋時，可以讓對方知曉他們若改變，會對自己或組織造成什麼影響。

不要只說：「你如果調整這樣的行為，很棒。」而要說：「當你改變這樣的行為，我相信對你在公司未來的發展，必定很有幫助。」也不要只說：「當你修正你的簡報後，提案一定會被老闆賞識的。」而要說：「當你修正簡報後，我相信你的提案內容，一定會為公司帶來具體的成效。」

把回饋連結到更高層次，語言就會更有力量。

三、接受回饋

如果你是接受回饋的人，代表別人認為你需要被回饋。所以無論對方的回饋是肯定你，還是挑戰你；是你尋求來的，還是不請自來的，你唯一要做的就是先接收。但，我們可以不需全盤接受，只要心存感激，秉持開放態度，思考後，再回應。

而接受回饋有兩個重要的觀點：一是要優雅處理建議，二是不要過度懲罰自己。

什麼是「**優雅處理建議**」？

如果你聽到讓你不愉快的建議，不用急著辯解，可以簡單的說「謝謝」，沉澱一下。說不定思考後，這些讓你不好受的回饋，會讓你終身受用。

若是你收到的訊息不明確，可以詢問對方或請對方舉例，這樣才能釐清對方是在說哪件事，避免胡亂猜疑。

當然，沒有接納別人的回饋，也沒有關係。因為立場不同，大家身處的位置不一樣，有時給出的回饋，也不一定都是對的。如果你收到的回饋對你沒有幫助，那麼最好的做法就是誠懇地告訴對方：「謝謝你，可能我們的立場不同，我還是照我的方法比較好。」

什麼是「**不要過度懲罰自己**」？

當我們聽到回饋時，不要過度反應，不用扭曲別人說的話，或是自己生悶氣。要記住，接受回饋是要讓自己更好，不是為了懲罰自己。

許多研究都指出，我們只要感受到壓力，腦子就會釋放出跟原本事件毫無相關的負面想法，甚至對自己落井下石。

所以，當你發現自己陷入這種困境時，我們要轉移不安，並且自問：「哪一點我最不願意接受，但我覺得某些事情應該是真的？」「這些讓我不舒服的回饋，對我未來的發展會有何影響？」「如果我稍微改變，是否對我有幫助？」

有時，要善待自己，不要太苛責自己。因為許多事情無法一蹴可幾，給自己些許時間和空間，慢慢去改善。

學習唐太宗「以人為鏡」

中國歷史上最負盛名的皇帝，也是後世爭相仿效的明君唐太宗李世民，他為何能打造「貞觀盛世」？就是因為他體認個人力量不足，所以對於大臣的進步之言，喜聽與善取。尤其當時的諫議大夫魏徵，常直陳唐太宗的過，而深得重用。

貞觀十七年，魏徵病死，唐太宗很難過，留下千古名言：「人以銅為鏡，可以正衣冠；以古為鏡，可以見興替；以人為鏡，可以明得失。朕常保此三鏡，以防己過，今魏徵俎逝，遂亡一鏡矣！」

我們常聽到，人是企業最重要的資產，只要員工成長，企業自然成功。如果企業能建立良好的回饋文化，互相以人為鏡，做好懇請回饋、給予回饋和接受回饋，這樣將能提高團隊效能，讓職場成為一個能幫助彼此的地方。

小試身手

1. 懇請回饋需要做好哪兩件事？
2. 給予回饋有哪三條準則可依循？
3. 接受回饋有哪兩個觀點需要看重？

6-4 建設性批評三部曲

《哈佛商業評論》的一項調查指出，五十七％的員工最希望獲得的回饋是建設性批評，有四十三％的員工則希望表現好時可以被表揚。此外，超過七成的受訪者都表示，如果主管可以精準提供建設性批評，他們會欣然接受。

但是，在人際關係中，最難也最重要的，應該就是批評了。批評得好，對方會覺得你是在為他著想；批評得不好，對方會覺得你在找麻煩。所以，學會如何正確地批評對方，其實是我們在管理中的必修課。

許多人力資源的報告中都曾提及，人們會離開企業組織最常見的理由，就是在工作中不被重視，或是遭到不合理的批評。

美國管理學會曾報導，三十七％的離職人士表示，離開公司的理由是因為他們認為應該得到讚揚時，主管未能及時給予肯定；但有二十三％的人指出，離職是因為上司不分青紅皂白地批評他。至於沒有離職，常受到不當指責的人，他們在組織裡也會感到極大的壓力，工作效率相對低落。

可見，給予部屬有效回饋，讓批評具有建設性，是每個主管都要會的重要技能。因為它能幫助部屬強化績效，提高團隊定著率。

建設性批評的步驟

但，要如何建設性批評？我們可用「建設性批評三部曲」，讚美在先，其次直指問題，最後提供建言。

讚美在先。

如果可以，在批評前先給予讚美，其實是不錯的做法，因為人們都喜歡聽好聽的話。有些主管會用正面對決開啟對話，比如，「我得跟你談談，我不太滿意你今天的報告，因為有許多資料不正確。」以批判為開頭的對話，容易激起對方的辯解，淪為對抗。

但如果要讚美對方，必須跟批評有連結，不是隨便講一個讚美，就接著批評，這樣會讓對方覺得突兀。

以簡報為例，你可以跟對方說：「剛才在會議上，你開場有直指核心，說出今天的目的，讓聽眾對接下來要說的事充滿期待，這點我覺得你做得很好。」

然後再跟他說：「我認為有個地方你應該可以做得更好，那就是簡報後段的音量有點太小聲，語速有點太快，只要修正一下，下次就會表現更好，你覺得呢？」

讚美與批評互相呼應，才有意義。對方也會知道，你除了注意他的缺點外，也發掘他的優點，會比較願意接受你給他的忠告。

其次，直指問題。

批評時，要具體描述對方的問題行為，以及這個行為會造成什麼影響，對方才會有所警惕，進而改善。

以簡報為例，如果你告訴對方：「你的簡報做得很爛，」對方只會覺得你是在羞辱他，而且「爛」是你的主觀意見，說不定其他人都覺得好。有些主管甚至用質問口氣問：「為什麼簡報數字沒有更新？」這樣，雙方當然沒法平心靜氣地討論。

所以，批評時要具體描述問題。比如，「簡報時說話音量太小聲，讓聽眾聽不清楚。」「簡報的邏輯結構沒有連貫，導致聽眾不清楚前因後果。」這些都是具體描述，這樣對方才會了解，你要傳遞的訊息是什麼。

主管也可以詳述這個問題，會導致什麼影響。如，「我觀察到你簡報內頁的數字沒有更新，以致我們在會議上的討論，都是過去，而非事實。這會讓銷售預估和進出貨成本，陷入不確定性。如果出錯，會為供應鏈帶來斷層，甚至造成客戶的財務損失。」如此一來，對方會知道問題嚴重性，而做出更好的改善。

最後，提供建言。

當我們說出對方不好的地方時，必須告訴對方，如何做得更好？這樣對方才有著力點，去改善問題，這樣才算建設性批評。

再以簡報缺失為例，對方的問題若是音量太小、語速太快，我們可以建議他，用錄音或錄影的方式，讓他自己聽看看自己的聲音，說不定就能馬上抓到問題，即刻改善。

若他沒有辦法自己解決，也可以推薦對方去參加相關課程，讓教練給出專業建議，也是一種選擇。

建言要多說希望、少指責

一位上過我溝通課程的主管跟我說，他的團隊業績連續兩季沒有達標，因此很擔心工作不保。但在這種時刻，團隊居然還有人沒把業績放在心上，每天閒晃，不打電話開發客戶，連拜訪客戶都很懶，因此讓他很頭痛。

某天這位主管進到辦公室，看到業務K姊正在滑手機，忍不住說了幾句，結果她玻璃心碎掉，當場鬧了起來，辦公室的氣氛因此變得很糟。

這位主管問我，是不是現在都不能說部屬？但繼續這樣下去，他很擔心整個團隊會被老闆炒掉。

我問這位主管，如何對K姊說的？他說，自己只是問：「你這個星期打了幾通電話？拜訪了幾家客戶？你怎麼一直在看手機？現在團隊的業績這麼差，這季再沒有達標，大家都要回家吃自己了！」他說他就是善盡主管的責任而已。

聽完這位主管的話，我建議他在提供建言時，不要指責，多說希望，讓對方按照你的希望走。

譬如，「K姊，我不是故意要責備你，但目前的業績狀況真的令人擔心，我不想要團隊因為沒有業績，而讓公司質疑我們的能力，更不希望團隊因為沒有達到業績，而被公司解散。」先訴諸革命情感。

「我希望你能夠專注在工作上，這樣才會有好的績效。我想要你花更多時間打電話開發客戶，或是去拜訪客戶。我希望透過大家的努力，讓我們可以迎頭趕上業績目標，讓公司知道我們團隊的戰力。」多說希望，可以讓對方清楚知道你的想法，獲得明確的調整方向。

最後可以鼓勵她，「K姊，你曾經一個月開發十家客戶，許多客戶也因為你的專業和熱情一再回購。我相信只要你現在動起來，以你的能力，這季結算前，一定可以達到業績。」多鼓勵，能增加動力。

後來那位主管告訴我，他聽完我的建議後回去照著說，不單是K姊，連團隊都動了起來，不僅達成業績，他原本的頭痛也不藥而癒。

綜觀「建設性批評三部曲」之所以有效，是因為先讚美對方，讓對方不至抗拒；再說問題，對方才會了解需要改進之處；最後提供建言，讓對方覺得你是真心為他著想。當然就會想去改變，讓自己更好。

不吝讚美，也要恰當批評

之前我幫一家藥廠做訓練時，有個主管跟我分享，公司有個業務小王犯了一個低級錯誤，打錯給客戶的報價單金額數字，還好客戶諒解，否則會造成公司一筆損失。

後來這位藥廠主管學會建設性批評，他告訴業務：「小王，在同期進公司的這些新人中，我一直覺得你最積極，你的業務技巧超強，親和力也夠，許多客戶都非常喜歡你去拜訪他們。」當然，主管的讚美是根據事實與平時的觀察，非虛情假意，為讚美而讚美。

「同時，我想跟你說一下你最近的一個疏失，就是你給客戶的報價單，金額數字出現錯誤的這件事。好在客戶通融，不然可能連你的業績獎金都會賠進去。如果再犯，除了客戶對我們公司的觀感會打折扣外，也會讓你黑掉，對你個人的發展很不利。」身為主管，必須指出對方的缺點給予批評。

「所以，我建議以後遇到這種攸關你和公司利益的報價事宜，在提供客戶之前，先讓我看過，多一個人把關，少一點風險。我也希望你能記取教訓，學到正確的做事方式，讓自己越來越好，贏得更多客戶的肯定。」提出建議，好讓部屬可依循改變。

哈佛大學醫學院教授喬治．威朗特（George E. Vaillant）曾經指導哈佛成人發展研究長達三十五年，他發現，**除了讚美之外，「恰當的批評」對個人成長和幸福感是有益的**，特別是當批評是真誠的、有建設性的。他認為，批評可以幫助人們意識到自己的不足，從而激發他們改進的動機。

話雖如此，但人們通常遇到批評時，大腦會產生很強的抵抗，避免自己遭到不平。人們有時會在心裡想，「你憑什麼這樣說我？」或是「我才不在乎你這樣想。」故步自封，不容易讓自己進步。

所以，為了使批評有效，我們最好使用建設性批評三部曲，讚美在先，其次直指問題，最後提出建言，這樣對方會比較願意接受我們的批評，最終從中受益。

小試身手

1. 建設性批評分為哪三部曲？
2. 直指對方的問題時，要注意什麼事？
3. 試找一位同事或夥伴，用建設性批評給予建議。

第3部

打造 L.E.A.D.團隊

第1部　溝通的力量

- 我們都會說，為何還要學？
- 用L.E.A.D.才能LEAD

第2部　L.E.A.D.溝通系統

第3部　打造L.E.A.D.團隊

如何帶出L.E.A.D.團隊

⬇你將會學到

- 僕人式領導的好處
- 如何建立企業的溝通文化
- 改變溝通習慣的蛻變計畫

溝通時，要先有「覺察力」

⬇你將會學到

- 能快速調整自己的應對姿態
- 敢於承認脆弱，與他人交心
- 有時慢慢溝通，反而比較快

第七章
如何帶出L.E.A.D.團隊

美國著名未來學家，也是超過一千四百萬本銷售量的《大趨勢》作者約翰．奈斯比（John Naisbitt）說：「未來的競爭將是管理的競爭，競爭的焦點集中在每個社會組織內部成員之間，以及其與外部組織的有效溝通上。」

這意味著，以前管理的競爭在績效，先管數字要求人；但未來的管理競爭在理解，數字來自有效溝通。

為何溝通這門課，是組織的功課？因為：

我以為，事情交代一次就夠了，但，常有人聽不懂卻照做，徒勞無功。殊不知，**管理就是溝通**、**溝通**、**再溝通**，要不厭其煩的溝通。

我以為，我問大家有沒有問題，沒人出聲代表沒問題。後來才發現，有人不出聲，是代表不同意。由於沒追問，導致問題沒被攤在陽光下，執行時總是陰雨綿綿，烏煙瘴氣。

我以為，團隊是多年戰友，默契十足，一個眼神都能了解心意。到最後，竟是彼此會錯意，造成巨大的差距。此時怪罪對方也不對，只怪我自己當初沒核對。

可見，組織有再好的戰略、再好的策略、再好的計畫，都要有人去執行，過程中需要溝通，將想法落地。

「每個人都是一座向著自己的島嶼，只有當他願意做自己，且被允許做自己的時候，才有通往其他島嶼的可能。」這是NBA史上唯一擁有十一枚冠軍戒指的教練菲爾．傑克森（Phil Jackson）掌握人心，帶領球隊奪冠的祕訣。現在，**只要領導者願意花時間，用L.E.A.D.架橋，我們就能直通彼此，溝通無礙**。

要從哪裡做起？先以身作則，建立榜樣，影響團隊吧！

7-1 以身作則，建立榜樣

一九四六年諾貝爾文學獎得主赫曼・赫塞（Hermann Hesse）在他的《東方之旅》書中，說了一個發人省思的故事。

有一群人前往東方探險，服務他們的是一位名叫里奧的僕人，里奧負責所有人的生活起居，他的樂觀總是激勵著這些人前行。由於里奧的服侍與陪伴讓人讚不絕口，所以團隊都願意聽從里奧的指示，探險旅程一直很順利。

某天，里奧不見了。探險隊這群人不知所措，陷入混亂，所有人都想當領導者接管團隊。但，沒有一個人能完全獲得別人信任，各有各的盤算。最後，整個探險活動不得不停止。他們突然意識到，原來失去了僕人里奧，彷彿失去了領導。

前美國電話電報公司執行長羅伯特・格林里夫（Robert K. Greenleaf）受到這個故事啟發，寫了《僕人式領導》一書。格林里夫指出，**領導者的權力並非來自他的頭銜，而是他的威信，威信領導的前提是，要取得追隨者的信任**。所以，他提出僕人式領導，宣揚**領導的本質在服侍**。

格林里夫認為，一位好的領導首先要有願意服侍他人的心，當領導人願意像僕人般服侍他的部屬，確保部屬最迫切的需要被滿足，並與他們建立愛、尊重、信任和接納，就能獲得威信及影響力，藉此能帶領部屬，發揮戰力，共同朝企業目標前進。

「僕人式領導」十大特質

根據格林里夫的研究，僕人式領導應該展現十項特質：

1. **聆聽**。僕人式領導者不會在意自己要先說，反而會想先聽他人說，包括對方所說的內容，以及未說的內容。
2. **同理**。僕人式領導者永遠試圖理解和同理對方，關注重點不在對方的業績，而是肯定團隊成員的辛勞，並且隨時讚揚他們。
3. **治癒**。僕人式領導者能夠幫助他人及自己療傷，協助團隊度過低潮、過渡和重組的艱難，當團隊從失落再站起時，組織將能跳更高。
4. **覺醒**。僕人式領導者不會沉迷於過去的戰功，不滿足現狀，他知道可以被部屬挑戰，也必須被挑戰。如履薄冰，戒慎恐懼，組織才能穩妥。
5. **說服**。僕人式領導者不倚仗職權強迫對方，常用說之以理、動之以情，勸服別人認同，讓人心服口服。
6. **概念化**。僕人式領導者敢夢，對他而言，誇張的夢想也有實現可能。他在處理問題時，是腳踏實地、兼顧現實的，能消弭夢想與實際的差異。

7. **遠見**。僕人式領導者能從實踐中反思，調整自己的所作所為，制定有遠見的策略，讓組織受益。

8. **管家**。僕人式領導者是組織的管家，懷有一顆照料一切的心，是為組織成員及團體服務的。監督、確保事情按部就班，也是僕人式領導者的一項職責。

9. **委身**。僕人式領導者用心幫助組織內的每位成員成長，讓他們可以更強大、更聰穎、更獨立。

10. **構建**。僕人式領導者不會唯我獨尊，他會絞盡腦汁，建構組織的生生不息，確保組織能基業長青。

可見，僕人式領導是一種無私的領導哲學，他們樂意成為僕人，以身作則，建立榜樣，透過他的示範，期許組織裡的每個人都可以見賢思齊，為別人服務，這樣將能打造一個合作、互信、共享的團隊。

高層要「不怕弄髒手」

許多企業的創辦人也開始採用僕人式領導，做為自己經營企業的哲學，星巴克就是一個很好的例子。

二〇〇八年星巴克公司股價下跌八成，面臨衰退，股東們要求當時的董事長霍華・舒茲

（Howard Schultz）砍掉員工的醫療照護福利，以減少公司損失。但舒茲拒絕了股東的要求，因為他認為，這樣的作法會打擊員工士氣，破壞員工對公司的信任，而且很不人道。

舒茲說明，「我們必須用真心來領導，對我而言，最重要的不是利潤，不是銷售額，也不是連鎖店數量，而是熱情、責任，以及對眾人的愛。」

在星巴克這段風雨飄搖的歷史上，舒茲要求星巴克的所有主管，包括他自己在內，停止從三萬英尺的高空來管理價值一百億美元的事業，「必須回到事業的根本，從根本做起。」

舒茲借用一張印有沾滿泥巴的雙手海報，加上一句話，「世界屬於不怕弄髒手的少數人。」接著把這張海報掛在會議室，每當開會時，星巴克的主管就會看到它。而「**不怕弄髒手**」，也意味著星巴克成功的關鍵，是在基層、在店裡，高階主管們必須和店長、員工、咖啡師在一起。

星巴克有個信條，就是只有員工的滿意，才能帶來顧客的滿意與忠誠。舒茲相信，「店員給顧客的感受是最重要的，不要忘記顧客可以在別的店買到更便宜的咖啡。」當星巴克的**每位主管都能真心服務部屬時，就能帶來員工的滿意，進而讓顧客得到「人性」的對待**。

最終，由於舒茲與團隊主管展現的「僕人式領導」，讓星巴克度過低潮，轉虧為盈，再創另一個高峰。

聰明才智外的領導特質

再來看另一個例子。

「撕鐵血標籤、多一倍耐心，讓聯發科營收翻倍」，這是二〇二三年，媒體對聯發科執行長蔡力行的形容。

二〇一七年七月一日，蔡力行出任聯發科執行長，震撼競爭對手。但外界也質疑，蔡力行是聯發科首次聘用「外人」擔任如此位高的經理人，他過去擔任台積電執行長的管理風格是，使命必達、強調績效、不適任就淘汰。但，在聯發科合適嗎？

事實證明，蔡力行的彈性夠大、轉變之大。他說：「**要做一個好的領導者，絕對不是聰明才智高就夠，其實是做事和做人**。『做人』就是，你能不能夠真正了解人，能不能帶人，他們雖然會偶爾抱怨，但還是願意跟著你走。」

在聯發科，蔡力行關照一線主管的發展，每週教練他們，甚至，他還往下到二線主管，與他們討論技術與專案。有業界人士認為，蔡力行這幾年對聯發科的最大貢獻，其中之一就是人才培育。

呼應聯發科董事長蔡明介的低調，蔡力行偶爾對外的發言，也大多是感謝同仁的付出。不居功、僕人式領導，讓聯發科的業績，在蔡力行帶領期間，營收成長超過一倍以上。

與蔡力行有私交的前行政院長陳冲，二〇一八年因輕微中風住院，出院後，蔡力行會時不時關心他。在蔡力行獲得交大名譽博士的頒獎典禮上，陳冲致詞說：「我能夠重新站起來，都要感謝蔡力行的鼓勵，許多學問淵博的企業家都沒有他的仁心和愛心，這是他的人格特質，也是交大名譽博士的必要條件。」

一語道破，現代領導的天機。但，有沒有老闆不信這套，堅持嚴厲？

「用罵」領導的主管

有次我在一家傳統產業講授帶人帶心的領導技巧，內容談及僕人式領導和L.E.A.D.溝通系統的技巧，鼓勵主管多說溫暖語言，多同理關懷，多肯定激勵部屬。

結果這家公司的總經理非常不認同這種領導方式，課程期間頻頻打斷我，並且發表高論，說員工做不好，不用留情一定要罵；若還是做不好，就直接叫他滾，說了許多與課程核心相左的話。

面對此種領導方式，我只能好言相勸，「您帶領員工的方式真的很特別，相信這是您個人經驗的積累，是一種獨到的管理模式。然而多學一些技巧，可以讓我們在面對不同世代的員工時，有更多的方法來教導他們，說不定會有意想不到的好處，您覺得呢？」

不知是不是我的「好言」讓他不舒服，總經理拒絕接受。課程結束時，還把怒氣發洩在滿意度問卷上，在「一分」那欄用力地打個大叉，收到問卷的同時，我努力保持氣定。

事後，那家公司的人資主管向我道歉，因為他沒事先跟我說，其實這堂課的目的，主要想改變的對象就是那位總經理，希望藉由外部講師來灌頂，看總經理會不會茅塞頓開。

事與願違。由於總經理的風格，影響許多主管也是這樣帶領員工，導致他們公司的離職率一直很高，人員很難定著。

德國教育家福祿貝爾（Friedrich Fröbel）說：「教育之道無他，唯愛與榜樣而已。」我想，用在企業發展也同樣。

7-2 建立企業文化，塑造行為

澳洲新南威爾斯大學教授威爾・菲普斯（Will Felps），曾經做過一個組織行為的研究，名為「壞蘋果實驗」。

菲普斯將一位負面角色安排在團體裡，他的任務是，刻意破壞這個團隊的表現，負責扮演挑釁他人的討厭鬼、拒絕付出的懶惰鬼、或態度消極的掃興鬼。但團隊裡的其他人，對此並不知情。

團隊中的那些「壞蘋果」

菲普斯將這位負面角色取名為「尼克」。尼克很擅長使壞，無論他是討厭鬼、懶惰鬼、還是掃興鬼，他的行為幾乎讓被實驗的團隊工作成效下降。

當尼克扮演「討厭鬼」參加會議時，他會言詞犀利，試圖激起對立，團隊成員會因為他的表現開始劍拔弩張，甚至吵架。事後團隊成員都說，當尼克使出唇槍對著他們時，他們當然要用舌劍予以還擊。

當尼克扮演「懶惰鬼」參加專案時，團隊成員很快就接收到他給人的感覺，懶散、事不關己、漠不關心，導致他們也草草了事，馬虎隨性。事後採訪，他們都說，感覺這個專案並不重要，不值得花費時間和心力。

當尼克扮演「掃興鬼」時，他會表現出很疲倦的樣子，有時癱在椅子上，感覺什麼事都提不起勁。慢慢地，其他人也受到他的影響，無精打采、情緒低落，工作效率奇差無比。

菲普斯本來期待，實驗團隊中會有人對掃興鬼激勵一番，但卻沒有人這麼做，他們就好像是，好吧，既然有人擺爛，那我也來當掃興鬼好了。

「好蘋果」帶來正面改變

只有一個團隊例外。

菲普斯形容：「尼克也說他們很不一樣，不管他怎麼搗蛋，他們的表現都很好。其中有個叫強納森的傢伙，總是可以找到四兩撥千斤的方法，讓尼克的負面舉動完全失效。」

菲普斯反覆檢視有強納森在內的影片，他有一個固定的行為模式：當尼克表現得像混蛋時，強納森會不慍不火、面帶微笑、親切回應，使負面的氛圍重回正軌。接著，強納森會提出一個可以讓其他人暢所欲言的問題，輪流問大家的意見，讓團隊活力因此得到提升。

大部分時間，強納森對其他人想要說的內容，也產生極大的好奇。如此簡單的行為，幾乎讓團隊的每個人都得到關注，進而積極參與任務。連尼克也在違背他角色的精神下，不由自主地貢獻想法，幫上許多忙。

菲普斯把強納森這樣的人，稱為「**好蘋果**」。有趣的是，「好蘋果」從未清楚告訴任何人要做什麼，或是掌控對方，他只是建構出一個環境，而這個環境可以讓彼此連結在一起。

後來，菲普斯在造訪某些高績效團隊時，注意到他們也有這種「好蘋果」，於是，他把他的觀察列出清單：

- 身體的親近或碰觸，常握手、擊掌或擁抱。
- 充分的眼神交流。
- 每個人都會交談，而且簡短有力。
- 很少插話、很多提問。
- 專注而積極的傾聽。
- 幽默、笑聲。
- 微小而體貼的殷勤，如道謝、開門、倒咖啡等。

菲普斯還發現一件事，只要待在這些團隊裡，會讓人上癮，他還會編造藉口，只為了多留幾天與這些團隊共事。這些團隊有一種氛圍、有一種魔力、有一種勾引，令人難以抗拒。

所以，**「好蘋果」可以是一個「個人」，也可以是種「團隊文化」，這種讓人難以抗拒的團隊吸引力**，當你接觸到，你就會知道這是團隊的底蘊，強大、深不可測。

企業文化與價值觀

前谷歌執行長艾力克・施密特（Eric Schmidt）在他所著的《教練》一書中提及，「在谷歌，我們努力讓自己成為這樣的人：第一、善於溝通，多聽少說常請教。第二、建立信任，讓團隊有心理安全感。第三、做個溫暖的人，想辦法讓員工變得更好。第四、永遠實話實說，但別讓人難堪。第五、適時給團隊掌聲，不要冷漠。」

這是谷歌的文化，所以，谷歌的主管永遠說真話，不怕得罪人，只要一發現問題，就立刻給予指導，因為大家明白，主管的直言不諱是表達關心，對事不對人。尤其當他們與部屬溝通時，會保持微笑，講完之後，有時會給對方擁抱，以消除給人的不愉快。直率加關心，是谷歌主管溝通的文化。

但，**要如何塑造企業文化？**一般來說，**是靠價值觀。價值觀是種深藏於內心的準繩，在面臨選擇時的一項依據，不同價值觀會產生不同的企業文化**。

譬如：有「信任」價值觀的公司，會放手讓人去做事與下決定，哪怕做錯，也會讓員工知道，隨時可找主管討論。有「關懷」價值觀的公司，員工會關心別人，了解別人的處境，對人有同理心。有「尊重」價值觀的公司，會願意了解彼此想法，透過聆聽與觀察，消弭組織鴻溝。

所以，定義價值觀時，必須制定關鍵行為，好讓人能努力使語言、意圖、想法和表現與關鍵行為相符合。

春秋時期，齊國的宰相管仲曰：「國有四維，一維絕則傾，二維絕則危，三維絕則覆，四維絕則滅。何謂四維？一曰禮、二曰義、三曰廉、四曰恥。禮不逾節，義不自進，廉不蔽惡，恥不從枉。」他希望王侯將相，以及尋常百姓都能遵守，這樣將邪事不生。

由於古文難記，於是早年在推行「新生活運動」時，明白制定「禮是規規矩矩的態度，義是正正當當的行為，廉是清清白白的辨別，恥是切切實實的覺悟」，讓全體國民能謹記篤行。

因此，我在帶領企業建立溝通文化時，也是比照辦理。企業要先討論並決定有關溝通的價值觀，再依據價值觀寫出該有的行為表現，之後頒布讓員工知曉並遵守。

先定義價值觀，行為才有依循

當然，價值觀可以由上到下，或是由下往上。

由上到下就是主管們一起腦力激盪，討論出在對內或對外溝通上，哪些價值觀是我們企業需要的？比如，信任、利他、幽默、耐心、和諧、尊重、感恩、包容、仁慈、謙卑等，三個為主，最多不超過五個，這樣便於記憶。

由下往上是透過問卷調查或是訪談，收集員工對於企業的溝通文化和價值觀的看法，這有助於公司高層了解員工的期望，有利於未來的推動。

有了價值觀後，我們必須定義行為，員工才有規範可依循，團隊行為才能被形塑。以下，集成幾家我曾輔導的企業，他們的價值觀和關鍵行為，供大家參考：

尊重：

- 傾聽時會專注，眼神看著對方。
- 說話時，會讓對方把話說完。
- 縱使意見不同，也能謝謝對方的發言。

幽默：

- 嚴肅的事情，用輕鬆態度來看待。
- 悲觀的事情，用樂觀心情來面對。
- 大事化小，小事化無，常保笑容。

謙卑：

- 少堅持己見，多看別人一些。
- 不恥下問，就算對方位階比你低。
- 對於不清楚的事，查證後再評論。

包容：

- 自由地表達意見，不必擔心受排斥。

- 討論和決策，歡迎不同的觀點。
- 尊重多元，提供平等的機會。

利他：

- 積極尋求機會去幫助他人。
- 樂於分享自己的專業知識、能力和資源。
- 提供情感支持、給予鼓勵或常關懷同事。

臉書前營運長雪柔．桑德伯格將其譽為「有可能是矽谷有史以來最重要的文件」，由Netflix前人才長珮蒂．麥寇德（Patty McCord）所製作的《Netflix文化》投影片，自二〇〇九年放上網路分享以來，瀏覽次數將近兩千萬，內容闡述了Netflix重視的價值和人才策略。

這份簡報首先揭示Netflix的文化，接著分析Netflix獨特的人才選用、組織管理、薪資與升遷方式。他們深信，一家公司真正的價值應體現於他們所錄取、獎勵和解雇的員工身上，所以，他們列出他們重視的價值，當員工越符合這些行為，就越有可能在Netflix發光發熱。

這些價值分別是：判斷、無私、勇氣、溝通、包容、誠信、熱情、創新、以及好奇心。以溝通來說，他們定義的行為是：

- 善於傾聽，力求理解對方立場後再回應。

- 面對壓力時保持冷靜。
- 書面溝通和思考邏輯簡明扼要、條理清晰。
- 與母語或文化背景不同的夥伴溝通時，能夠調整溝通方式，展開良好合作。

正如Netflix在官網所闡述的，「會員們希望在螢幕上看到各式各樣的故事，因此，公司的領導階層應以身作則，擁抱多元。而Netflix的員工也和會員一樣，有著不同的背景與經歷，觀點當然也會有所不同。但，我們的目標是讓所有人在Netflix都能擁有歸屬感。」

為了達成這個使命，Netflix建立了與眾不同的企業文化，塑造員工的行為，最後打造出全球最頂尖的娛樂公司。有為者，亦若是。

7-3 擬定蛻變計畫，持續改變

在進行企業訓練後，常有人資主管會問我，該如何落實課程所教？他們都希望學員能將所學應用在工作上，進而提升組織能力，為企業帶來貢獻。

有用，才會有用。意味著，學員課後有使用，課程所教才有用。因此，我都會建議企業採用《原子習慣》一書提出的方法，來幫助學員建立溝通習慣，讓改變持續發生。

《原子習慣》的作者詹姆斯．克利爾（James Clear）提出，主流的觀點都認為，如果想要得到成效，最好的方法就是設定可行且確切的目標。比如：業績做多少、要賺多少錢、減肥幾公斤，我們都為這些事情立下目標。

但如果我們每天只盯著目標，基本上是沒有意義的。舉例來說，有些人想要更會溝通，可是每天盯著「更會溝通」這個目標，並不會因此改變溝通能力。**我們應該思考，要如何做**，溝通技巧才會進步。

所以克利爾說，**「目標」是人想要達到的成果，「系統」是讓人達到那些成果的過程**。如果我們只花時間盯著目標，卻很少花時間去設計系統，就很難達到成果。

克利爾以自己為例，他說自己成名之前，並沒有把目標放在「習慣專家」上，他只是「分享」自己所做的，一些關於習慣的實驗而已。

他的方法很簡單，就是從二〇一二年十一月開始，固定每週在自己的網站上發表有關習慣的文章。這樣的「系統」，幾個月之內就讓他的電子報，訂閱人數達到一千人。一年後訂閱人數超越三萬人，三年後達到二十萬人。後來，他的文章常被《時代》雜誌、《富比士》雜誌引用，於是，他成為媒體口中的「習慣專家」。

這就是**系統的力量**，克利爾的系統是每星期發表有關習慣的文章，如此而已。所以，**目標有助於我們要往哪裡去，但系統才會幫助我們到達那個地方**。因此，我都跟企業的人資主管說，我們的目標是要讓學員使用課程所教，我們的系統叫「**蛻變計畫**」，只要按部就班，學員的溝通能力將會更上層樓。

步驟一：讓溝通技巧顯而易見

英國的心理學家班・費奇（Ben Fletcher）和凱倫・派恩（Karen Pine）在二〇〇一年發表了一篇《培養運動習慣》的研究論文，對於行為改變和習慣形成，提供了獨到的見解。

在這篇論文裡，有個實驗項目是讓兩百四十八個人分成三組，第一組只追蹤自己的運動頻率；第二組除了追蹤運動頻率外，還要閱讀一些運動有好處的文章；第三組除了比照第二組，還必須為下週的運動時間和地點，寫下一個句子置於明顯處提醒自己，內容大略是「我會在下週的某日某時，在某處進行至少二十分鐘的運動」。

實驗結果，第一組和第二組有三十五%至三十八%的人，每週至少運動一次。第三組有九十一%的人，每週至少運動一次，人數是另外兩組的兩倍多。

這個結論告訴我們，**要開始蛻變，必須要讓自己知道要做什麼事，而且必須有提示放在顯而易見的地方，強化執行動力**。

克利爾也說，自己曾經為了健康，而買了許多蘋果回家，可是他都把蘋果放在冰箱的最底層，等到想起來時，蘋果都壞了。後來，他買了一個大碗放在餐桌中央，他把買回來的蘋果放在那個大碗裡，這樣每天回家都會看到蘋果，最後，他開始養成吃蘋果的習慣。

所以，為了要讓上過溝通課程的學員，養成使用課程所教技巧的習慣，我建議他們成立學員LINE群組，每天早上九點，把事先製作好有關溝通技巧的圖文，由其中一人上傳到群組，讓每位學員都能看到，今天要練習什麼樣的溝通技巧。

步驟二：讓溝通技巧容易使用

在練習技巧時，大家常會問，要花多久時間才能養成習慣？基本上，時間是無關緊要的，**習慣的養成取決於頻率**。你可以在二十一天內做某件事情一次，也可以在二十一天之內做二十一次，「頻率」，才是習慣的影響因素。

大部分人會把目標訂得超高，因為他們想要快速養成習慣。比如，你想要健身，便訂定一次要做一百下伏地挺身的目標，剛開始你會激勵自我堅持下去，但幾天之後，這種巨大的消耗會讓你覺得疲乏。

你會發現日常生活有很多的行為，都是用極少的動力去執行的。比如滑手機、看電視、追劇，這些幾乎不需要花太多力氣，也就是說，如果行動越容易，就會越快成為我們的習慣。所以，不要一開始就企圖十八般溝通武藝樣樣精通，先從容易的溝通技巧練習，讓技巧容易做到，就能養成溝通習慣。

一般來說，溝通技巧的練習會是這樣，這也是企業上傳到學員LINE群組的文字：

第一天，溝通前，先創造良好的溝通氛圍。

第二天，專注傾聽，並讓對方把話說完。

第三天，試說出以下的語法：然後呢？結果呢？你可以多說一點嗎？

第四天，不說「但是」、「可是」，若破功明天再試一次。

第五天，對方說話冗長，可用「你的意思是不是……」幫他歸納。

第六天，溝通時若有爭執，想想「會不會他說的是對的？」來控制情緒。

第七天，只陳述事實，不帶偏見的溝通。

第八天，請說出以下語法，「謝謝你說出你的想法讓我知道」。

第九天，請同理對方，「我可以理解你的壓力」、「我想你一定很不好受」。

第十天，引導對方說出事實，「你覺得問題出在哪裡呢？」

第十一天，引導對方說出情緒，「這件事讓你有什麼感覺？」

第十二天，引導對方說出意義，「為什麼這對我們很重要？」

第十三天，引導對方採取行動，「接下來我們需要做什麼改變？」

第十四天，今天至少讚美三個人。

第十五天，微笑時，牙齒露出七顆半。

第十六天，多說「為何你會這樣想呢？」來釐清問題。

第十七天，請用「你怎麼知道的？」來明確事實。

第十八天，溝通時，多用溫暖眼神看著對方。

第十九天，給對方回饋前，先讚揚對方好的地方。

第二十天，回饋時，請具體指出對方錯在哪裡。

第二十一天，未來溝通請多用L.E.A.D.溝通系統。

你看，是不是很容易做到。以二十一天為一個循環，企業可適度完成兩到三個循環，強化溝通技巧習慣的養成。

步驟三：讓溝通技巧得到獎賞

當我們做了某個行為，你可以立刻獎勵自己。這種愉悅的感覺會讓大腦知道，某個行為值得被記住與重複。

以口香糖為例，自十九世紀中就開始販售，可是直到十九世紀末，嚼口香糖才成為風行全球的習慣。

原因是，早期的口香糖是用無味樹脂做出來的，雖然有嚼勁，卻不好吃。等到箭牌口香糖在口香糖中加入薄荷，才讓口香糖變得好吃又有趣。甚至他們還進一步告訴大眾，嚼口香糖也是一種清潔口腔的方式。

好吃的口味和清新的口氣，讓人們記住這種愉悅的感覺，於是他們家的口香糖消費量大大地提升，箭牌也成為世界上最大的口香糖公司。

這個故事說明了一件事，帶給人愉悅的行為會不斷地被人們重複。這也解釋了，有些人明明知道過度飲食會造成肥胖，為什麼還是大吃大喝？因為大吃大喝的獎勵是，立即讓人們滿足口腹之慾，至於肥胖，那是好幾年後的事了。

所以，**蛻變計畫的步驟三是，請學員把練習的成果，發表在群組內**。不必長篇大論，只要寫下今天你對誰用了這個溝通技巧？發生什麼事？什麼時候？在哪裡使用？成果如何？企業看到訊息後，就給這位學員獎勵。

這個獎勵可以是公開讚揚、摸彩積點、請喝飲料、吃飯等。曾經有家企業是發給參訓的每位學員一個透明撲滿，只要完成今天LINE群組內公告的溝通技巧，並且上傳心得，公司就會在這位學員的撲滿存入五十元。看著撲滿不斷累積錢幣，學員都說很開心、也很有趣，進而增添練習的動力。

微小行動也能帶來大改變

美國職籃馬刺隊球員休息室裡，掛著社會改革家雅各．里斯（Jacob Riis）的一段話，「當一切努力看似沒用時，我會去看石匠敲打石頭，可能敲了一百下，石頭連一條裂縫都沒有。但就在第一百零一下，石頭裂成了兩半。之後我了解，把石頭劈成兩半的不是最後那一下，而是先前的每一下。」

其實，每個大改變都是由微小的行動所累積，尤其是企業組織的改革。只要這些微小的行動，一直不斷被員工重複，它所產生的能量就會被儲存起來，直到某天爆發，讓企業享受到巨大的好處。

而蛻變計畫的三步驟，讓溝通技巧顯而易見、讓溝通技巧容易使用、讓溝通技巧得到獎賞，我相信只要每天做，無論個人或企業，均能從中受益。

第八章 溝通時，要先有「覺察力」

在網路上廣受歡迎的「心理治療後」（After Psychotherapy）部落格的版主約瑟夫·布爾戈（Joseph Burgo）博士，曾說過一個故事。

吉姆下班時，把老婆交代他做的事，忘得一乾二淨。等他回到家，妻子問：「我叫你去拿的乾洗衣服呢？」吉姆說：「很抱歉，我把這件事忘了。」由於健忘是吉姆的老毛病，所以他的妻子不耐煩地說：「算了，明天我自己跑一趟吧，早就知道你靠不住！」

聽到這句話，吉姆的情緒一下子就炸開了，他說：「我不知道你為什麼要小題大做，我只是忘了而已，有什麼大不了，你能不能不要老是批評我。」

其實，吉姆剛開始是願意溝通的，但由於他太太回應的語言是批評、譏諷，於是吉姆選擇拋出情緒，要讓他的妻子也不好受。

多數人有時會對自己突然所說，或是突然所做的事感到不解。在那一刻，我們才赫然發現，原來在我們的內心深處，很多事情已經累積了強烈情緒。

比如，在工作場合，你已經忙到焦頭爛額，卻看到團隊有人依然慢條斯理，你還會說服自己：「他其實很努力，只是還沒掌握到工作竅門，自己能者多勞。」可是當某天，你請對方幫忙製作專案簡報，他卻推三阻四。於是你大聲咆哮：「就當我沒說，只叫你做一件事而已，就這麼不甘願。」

尤其，當我們感到疲憊時，會對周遭的人極度不耐煩，無意間，會把情緒投射給身邊的人，用令人生厭的方式對待他們。但那時，我們是渴望有人能明白我們的情緒，進而衍生出對我們的關懷。

可是，如果我們一直用情緒，想讓別人理解我們，結果就是很多人會想要遠離你，因為他們沒有必要承受你的怒氣。所以，我們應該要時刻覺察自己在溝通時的狀態，盡可能留意自己的感受，注意自己的行為，不累積情緒、不重蹈覆徹，這樣才會有所成長。

要從哪兒開始？先承認自己有盲點吧！

8-1 有「盲點」而不自知

「樊登讀書」的創辦人樊登，曾說過一個故事。他說，平時自己跟老婆相處還不錯，但只要吵架，就會互揭瘡疤。

有次鬥嘴，樊登老婆對他說：「你這個人最大的缺點就是嘴巴太壞，常怪罪別人，把自己的快樂建築在別人的痛苦上。別人並不喜歡你，只是你自己不知道而已。」此時，樊登回嘴，「我當然不是這樣的人，我讀過這麼多書，會員有幾百萬，有這麼多人喜歡我，你對我有偏見。」雙方講到這裡，通常不歡而散。

過沒幾天，樊登遇到一個要好的朋友，為了證明他老婆是錯的，於是，他把老婆說的話跟對方說，請朋友評評理。

樊登的朋友看他這麼認真，嚴肅地說：「嫂子說的話你完全不用放在心上，大家都已經習慣你這樣了。」聽到朋友這樣說，樊登沒想到，這真是他的盲點，如果他老婆不說，他可能永遠不會意識到，自己有這個問題。

遇到問題，常見的應對姿態

當局者迷，旁觀者清。NLP神經語言學模仿的對象薩提爾女士曾說：「**問題的本身不是**

問題，我們如何面對問題才是問題。」也就是當我們遇到問題時，要如何應對，才是最重要的事。

所以，薩提爾提出人們常有的應對姿態，分別是討好、指責、超理智和打岔等四種。應對姿態並不是固定不變，而是會隨人隨事改變，我們可以透過這些應對姿態，探索自己，與自己靠近。

姿態一、討好

討好的人在與他人溝通的過程中，總把別人的需要放在第一順位，一心一意為別人著想，人緣當然特別好。但因長期委屈自己，過得並不快樂。

討好的人把決定權放在別人身上，但久了之後，會讓被討好的人覺得不耐煩。討好的人也會覺得受傷，我都已經做成這樣，你還要我怎樣？

討好的人在公司裡，常把事情攬在身上，期待得到他人的重視。長久下來，**除了累積疲憊，還有心累**。

常出現討好行為的人，可以覺察自己是否受委屈，是否壓抑自己的情緒，或是忽略自己的感受。當我們覺得自己有討好姿態時，請想辦法站起來。

姿態二、指責

指責的人在與他人溝通時，不把對方的需求放在心上，只在乎自己能獲得什麼好處。他們總喜歡用強勢的語言控制對方，讓對方滿足自己的需要。

指責的人有時會用尖銳語言苛責別人，比如：你在搞什麼東西、你怎麼都做不好、你有帶腦袋來嗎？之類的話。即便最後發現是自己的錯，為了掩飾，仍會透過責備、怒罵來發洩。

一般來說，指責的人比較強調事情該如何解決，但由於這種姿態，給人帶來畏懼，與人共事時，往往事倍功半。

公司組織裡的主管常有這種姿態，他們的溝通會給人很大壓力，大家聽從他的指揮是出於一種害怕，並不是這些主管真的很會溝通，也因此對組織發展常造成不良影響。當我們覺察自己有這種姿態時，請把指責他人的那隻手放下來。

姿態三、超理智

超理智的人在溝通過程中會不斷解釋，不斷說道理，為了達成目的，常長篇大論，合理化所有作為。他們有時會表現得非常冷漠，別人若因此受委屈，他也覺察不到。

偶爾你會遇到一些人跟你說話，他很有邏輯、很有條理，你當下無法反駁他。但聽他說話，會讓人覺得你講這麼多，雖然有理，但都不是我要聽的，沒有安撫到我，這些人就是偏向超理智型。

超理智姿態的人在公司裡常說教，為了完成組織目標，犧牲別人也無所謂，讓人覺得冷冰冰，沒有人味。當我們覺察自己是超理智時，我們可以練習看見對方的內在，想辦法靠近對方，展現關懷，並嘗試把對方的感受說出來。

姿態四、打岔

打岔姿態的人在與人應對時，常覺得自己不重要。有時為了迴避事情帶來的壓力會逃離現場，甚至忽略自己的感受，表現出無所謂的樣子。

有打岔姿態的人，有時會不願溝通。你會發現，有些人當你問什麼都不表示意見，甚至表現出事不關己、漠不關心，一副懶得溝通或溝通無用的態度。

團隊裡如果有打岔的人，討論時，常把事情扯到別的議題上，除了浪費時間，也不容易聚焦。有時遇到問題，打岔成員還會顧左右而言他，不願針對問題深入溝通，造成許多事情窒礙難行。

當我們察覺自己有打岔姿態時，要先專注當下，問自己為何要逃避？是在擔心什麼？接納自己後，請記得，坐下來說話。

領導人要讓團隊放心說

其實做為一名領導者，應該要成為一位積極的溝通者，也就是要隨時注意自己的應對姿態，才能調整自己，以利後續的溝通。

但有些領導者會說，我也很想調整自己的溝通方式，但有時脾氣上來，很難覺察自己的應對姿態，該怎麼辦？

通常我會建議，請團隊成員指出你的問題，就好比樊登的老婆說出樊登的盲點一樣。但一般企業的領導者，在被別人指出缺點時，通常會覺得沒面子，甚至惱羞成怒，導致，員工不願意跟領導者說他的不是。

為了要讓團隊成員放心指出我們的缺失，領導人可從三個方面做起：

一、自我揭露

領導人可以講講自己的人生經歷，尤其是失敗或踩坑的故事，這種方式叫「自我揭露」。員工了解老闆的過往，認知老闆也是一步一腳印，無形中，就會對領導者產生情感，信任油然而生。

另外我自己常做，也建議領導人做的是：請同事吃飯、順便聊天，但絕口不提工作上的事。這種閒聊看似漫無目的，卻充滿人味，聽彼此分享有趣、好玩，甚至家裡發生的事，會讓團隊成員把彼此看作是一個普通人，是個有情感的人，不只是個專業人士而已。

自我揭露看似簡單，卻是很有效的領導技巧，既可增進彼此情誼，也能創造情感連結，讓員工願意跟你互動、跟你開玩笑。

二、聞過則喜

做為一名領導者，如果你希望團隊成員有過改之，自己就要先聞過則喜。也就是，當別人指出你的缺點時，要特別感激，因為對方願意跟你說，一定鼓起很大的勇氣。

這時我們可以思考：他為何會這樣說？有沒有我可以參考之處？如果改了會怎樣？不改又會如何？當利大於弊，我們自然會做出調整，因為我們都想成為更好的人。

當領導者能坦然接受部屬的建議，並主動改過，團隊成員將不再害怕指出你的缺失。鑑於你的以身作則，團隊也不會在意被別人指出缺點，整個團隊的溝通氛圍，將會如暖陽。

三、放下主觀

戰國時期趙國有兩位大臣，藺相如是文臣，廉頗是武將，官拜大將軍。

藺相如出使秦國，完璧歸趙。後又於澠池之會，智辯秦王，使趙王免於屈辱，所以回國後，趙王就封他為上卿，官階比廉頗還高。廉頗不服氣，心想：「秦國因為我才不敢來犯，我功高藺相如，怎麼官居其下？」揚言如果碰到藺相如，一定要羞辱他。

廉頗的無禮宣言，被藺相如知道後，他如果外出，在路上遇到廉頗的車隊，就會叫車夫閃避，等廉頗的車子走了才出來。遇到集會，就稱病缺席，避免與廉頗正面對決。

藺相如的食客因此覺得蒙羞，就對他抱怨，「我們是仰慕您的義行與勇氣，才來投靠，想不到您如此怕事，實在太令人失望了！」

藺相如就問他們：「你們看廉頗將軍和秦王，哪個厲害？」食客們回：「當然是秦王厲害。」藺相如說：「那就對啦！秦王我都不怕，我怎會怕廉頗將軍？秦王不敢來犯，就是因為趙國有我和廉頗將軍。但如果我和他相鬥，秦國就有機可乘了，我是為國家社稷著想啊！」

廉頗後來知道藺相如是以國家為重，慚愧自己只在乎功名，於是袒露上身，負荊向藺相如請罪。從此，廉頗與藺相如成為刎頸之交，齊心守護趙國。

廉頗能放下身段，很不容易。可見，團隊如果有嫌隙，若能為大局著想、彼此放下，團隊自然久安。若領導人過去曾因為主觀偏見，造成部屬的芥蒂，我們可以主動示好、修復關係，這樣對團隊來說，如同注入了黏著劑，讓心更緊密。

其實，工作就是一個修行的場域，把自己的稜角修掉，才有利於前行。我們必須感恩遇見的人、發生的事，因為是那些幫助我們看見盲點，我們才能過去。如果過不去，請回頭看自己，因為會過不去，通常不在外頭，而是在心裡頭。

8-2 別怕承認自己的「脆弱」

觀看次數超過兩千萬的TED《脆弱的力量》講者，美國休士頓大學社會工作研究院教授布芮尼．布朗（Brené Brown），花了二十年時間，研究勇氣、脆弱、羞恥和同理心，她指出，這些因素是影響領導人成功與否的關鍵。

布朗教授在訪談企業領導人時，會問對方一個問題：「現今環境充滿挑戰，企業對創新的要求永無止境，面對此一要求，領導方式需要做什麼改變，企業才能成功？」

大部分的受訪者都給了她相同的答案，「**企業需要有勇敢的領導者，需要有勇氣文化**。因為，企業如果遇到障礙，需要領導人用勇氣來面對。」因為，有些組織會逃避對話、領導者缺乏技巧給予團隊回饋、或是領導者缺乏連結能力與同理心。當挫折和失敗來臨，大家花太多時間去責怪，而非當責來面對。

布芮尼．布朗與超過萬名領導人合作後發現，**能夠承認脆弱，卸下盔甲的領導人，比較能同理他人，並與他人交心連結，進而讓自己和企業都變得更加強大**。

分享脆弱不太容易，因為我們都好強，但就像鍛鍊肌肉一樣，只要給它時間與次數，慢慢就會呈現出效果。

美國餐飲大亨丹尼．梅爾（Daniel Meyer），在進行第一次TED演講後，跟團隊說：「你們沒有看到我的腿在抖嗎？我前一晚大概只睡了三小時，所以現在眼袋很深。我一直搞砸投影片，但我很幸運得到很棒的協助，謝謝夥伴奇普與哈雷，他們寫出很棒的內容，給我很好的建議，讓我保持鎮定。」

丹尼．梅爾傳遞脆弱給大家：我很害怕，但是我很自在，是因為有你們。通常團隊之所以能成為團隊，就是因為在需要時，能彼此支持。但如果我們不說出來，團隊成員根本不知道你現在的狀況。所以，團隊要力求坦率，針對事說話；避免傷害，不針對人笑話，這樣的脆弱展現將讓我們彼此更靠近。

領導人如何表達脆弱

一般來說，領導人可用三個「不」，不軟弱地展現脆弱：

一、不知道就說我不知道

奇異前執行長傑夫．伊梅特（Jeff Immelt）帶領奇異走過十六個年頭，下台後的自白：我希望我有更常說：「我不知道」。

伊梅特擔任奇異執行長的這些年，公司歷經九一一恐怖攻擊、金融海嘯、能源價格動盪等危機，面對這些，他只能見招拆招，做出許多以現今來看，不甚完美的決策。

他說：「有時候為了改變，我會用斬釘截鐵的方式傳達我認為的『應該』，我認為設定路線、把方向告訴大家是我的責任；但有時，可能是我的一意孤行，這時的我，不僅沒把目標說清楚，反而搞得一團糟。」

伊梅特覺得，如果一定要定義他任期內最大的挑戰，他會說是「**不確定性**」。他受過的領導訓練是，不要做我們無法掌控的事。但他在任期尾聲的心得是，「不管是哪家公司，能掌控的都很少了。」領導人必須要有很強的適應力，要能化解所有人的擔憂。但，領導人自己的恐懼，誰了解？

尤其那時伊梅特堅信：我很聰明、我最厲害、我是傑克．威爾許（Jack Welch）萬中選一的接班人，我不允許自己說：「我不知道。」但後來的事實都證明，他錯了。

伊梅特有感而發：如果你是一家公司的領導人，那就有兩件事要應付——第一、讓你的公司活下去，第二、準備接下來被痛罵十年。因為這個世界變化太快，快到你今天的成功，可能會成為明天的包袱。

所以，**領導者應該要投入合理時數，來照顧自己的恐懼**，否則，恐懼將吞噬我們。但領導者在展現脆弱時，可以拿捏分寸。例如企業發生問題，領導者可以說：「針對此事，我也很擔憂。」老實地表現出脆弱，然後，邀請眾人一起找答案。

通常在此時，團隊也是不安的，**領導人坦露自己的擔憂，就可先創造坦白的氛圍，團隊**

成員將願意敞開心胸、提出解方，讓危機安然度過。這樣，群體智慧將落地生根，組織績效將茁壯結果。

二、不加修飾的肺腑之言

好市多的前首席執行官克雷格‧耶利內克（Craig Jelinek），曾在內部的領導力座談會上與主管對話。這些主管丟出來的問題都非常尖銳，而且完全沒有經過事先安排。

當問題很棘手時，克雷格沒有像一些領導人採取迂迴戰術，反而直接了當回答問題：「是的，我們做那個決定的理由是……」「不，我們沒有往那個方向走的原因是……」「我知道你的不滿，我們的決策過程是……」克雷格的回答都是正面對決、不討好。

但座談會結束後，所有主管都起立鼓掌、大聲叫好。為什麼克雷格沒有給大家糖吃，大家卻為他歡呼？「在好市多，**我們為說實話的人喝采**，」他們的人資主管給了答案。

領導人必須實話實說，因為謊話一旦透過耳語，將加深組織誤會，最終長成一隻專吃人心的怪獸，破壞團隊和諧。

所以，領導人需坦率，因為說別人想聽的話容易，卻也容易欲蓋彌彰。優秀的領導人會告訴你事實，不論事實多麼令人難過，但由於他們出自肺腑之言，員工自然願意肝膽相照。

三、不武裝自己放下身段

二〇二二年底回鍋擔任迪士尼執行長的羅伯特・艾格（Robert A. Iger），在他第一次擔任迪士尼執行長的十五年間，讓迪士尼的市值成長三・一倍，獲利超過四倍。

哈佛商學院教授比爾・喬治（Bill George）讚譽他：「是個大師，是能夠辨識、驅動、支持創新的領袖。」因為他啟動娛樂業史上最大併購，網羅了全好萊塢最具創意的腦袋，從鋼鐵人、美國隊長、星際大戰到玩具總動員，讓老迪士尼有了新活力。

購併，看似霸氣，但《時代》雜誌卻形容艾格是，「好萊塢最和氣的執行長」，他是怎麼辦到的？

在艾格的傳記《我生命中的一段歷險》中，有一段論述足以解釋，「近年來，我越來越深信不疑的一件事是：一個人擁有太大的權力太久未必是好事。當你在鏡子裡看到額頭赫然印著頭銜的那一刻，你已經走岔了。你的自信可能輕易變質成自負，而淪為負債。你可能開始覺得自己聽過每一種構想，因此變得不耐煩、不屑別人的意見。」

所以，艾格不斷提醒自己要放下身段，不武裝自己，「回歸初心，誠以待人，」因此，讓無數的聰明腦袋願意與他合作，改變了迪士尼原本即將衰退的命運。

其實，**願意以脆弱面示人的人，才是真實和勇氣的表現**。因為，如果我們總是高高在上、目中無人、自視甚高……久了，團隊受不了你的跋扈，當然出走遠離，到頭來，你只剩孤寂。所以，不戴面具、卸下盔甲、顯露脆弱，將使你和團隊，坦誠相見、彼此交心、攜手前進。

「脆弱領導」的唐三藏

最後，我想用《西遊記》裡的唐三藏來展示脆弱領導。

唐三藏與孫悟空、豬八戒和沙悟淨，還有一匹馬組成團隊，前往西方取經。歷經九九八十一難，走了十萬八千里，度過十四個寒暑，最終到達天竺，求得真經。

以性格而言，孫悟空武功蓋世、嫉惡如仇，但不受管束。豬八戒雖然好吃懶做、但憨厚淳樸，沒有功勞也有苦勞。沙悟淨老實善良、聽命行事，就是沒有主見。遇到這樣南轅北轍的團隊，唐三藏該如何領導他們？

唐僧誠實正直，對於不知道的事，不輕易妄下斷語；對弟子與惡人，總發出肺腑之言，極盡開導之能事；對於妖怪，雖然他很害怕，但總是放下身段站在前線，期能感化導正。或許，唐三藏正是脆弱領導的代表，開放、真實、人性，團隊因此願意跟著他、保護他，和他站一起。

也許，「領導人應該強悍」已不全然正確了，尤其面對動盪不已的未來，領導人若能體察自身侷限，勇於揭露脆弱、真誠與人相處，這樣更能帶領團隊、向逆境挑戰。

8-3 「花時間」溝通的必要

《論語》裡有段對話：

子路問：「聞斯行諸？」子曰：「有父兄在，如之何其聞斯行之？」冉有問：「聞斯行諸？」子曰：「聞斯行之。」

公西華曰：「由也問『聞斯行諸？』子曰：『有父兄在。』求也問『聞斯行諸？』子曰：『聞斯行之』。赤也惑，敢問。」

子曰：「求也退，故進之；由也兼人，故退之。」

這邊先解釋這些弟子的名字：子路，姓仲、名由；冉有，姓冉、名求；公西赤，字子華，又稱公西華。

上述對話的大意是，子路問孔子：「如果聽到一個合於義理的事，要馬上去做嗎？」孔子回他：「父親和兄長還在，怎麼可以不問父兄的意見就去做呢？」

沒多久，冉有也問了同樣問題，結果孔子的回答是：「聽到了，就要趕快去做。」

公西華在旁聽了一頭霧水，於是問孔子：「當子路問：『聽到一件合於義理的事，要馬上去做嗎？』您回答：『有父兄在，怎麼可以立刻去做？』冉求也問了同樣的問題，結果您說：『聽到了，就要立刻去做。』我覺得很迷惑，想請問這是怎麼回事？」

孔子回公西華：「冉求常畏縮不前，所以我鼓勵他進取；仲由常膽大過人，所以要提醒他、約束他。」

可見，早在兩千多年前的孔子，就已經告訴我們，**溝通不能一成不變，必須因人而異**。但如果要這樣做，就會花上許多時間，不符合現今一切講求快速、效率的要求。不過，往往也因為求快，反而造成許多的人際摩擦。

難怪二戰名將麥克阿瑟（Douglas MacArthur）會說：「溝通，不在於增加了解，而是避免誤解。」所以，花時間溝通不見得不好，有時反而比較快達到共識。

你的人際情感帳戶豐厚嗎？

花時間溝通，就好比是在人際情感帳戶中存錢。眾所周知，如果我們在銀行開戶存錢，只要缺錢時，就可從中提領。所謂的**人際情感帳戶**，**存的是，人際關係中不可或缺的信賴感**，**也是他人與你相處的安全感**。

當我們在情感帳戶中不斷存款，別人就會更加信賴我們。反之，如果我們消耗了情感帳戶，甚至透支，人際關係就會出問題。所以，越是要維繫的關係，我們越要花時間努力存款。

時間，要花在哪裡？

以溝通而言，我們可在哪些事情上花時間？

一、花時間主動出擊

沃爾瑪的創辦人山姆．沃爾頓（Samuel Walton）曾對員工承諾，「從現在開始，只要有顧客走到我周遭十呎之內，我就會向他微笑，並看著對方眼睛，與他打招呼。」

山姆．沃爾頓了解主動出擊的重要，因為，你想別人怎麼待你，最好的方法就是，你先這樣對待別人。

我有個學生是某傳產公司總經理，個性拘謹、不苟言笑，員工都很怕他。但他跟我說，他只是長得像壞人，內心其實很想跟員工打成一片。

我建議這位總經理，可以從每天早上問候同仁開始，打破隔閡。他聽話照做的第一天，嚇到總機妹妹，以為老闆發生什麼事。第二天，嚇到辦公室員工，都覺得老闆是不是壓力太大。第三天，嚇到他的祕書，祕書認為老闆可能是宿醉。

於是這位總經理來問我，該怎麼辦？我笑著對他說，員工還不習慣你這樣，持續做就好。等到他們接受，自然就會回應你了。

一星期後，祕書開始主動向總經理道早安。幾天後，員工也開始微笑跟他問好。最後，連總機妹妹遠遠看他走進來，還會用台語，精神抖擻地跟他問早。辦公室的氣氛為之一變，團隊更加和諧、更加融洽、做事更加起勁。

主動出擊，也可以用在有人需要幫忙的時候。通常我們對於第一個伸出援手的人，會心存感激、終身不忘。他們在我們的心中，永遠占有一席之地。所以，我們可以主動伸出援手、主動為他人付出、主動詢問對方是否需要幫助，雖然花時間，但都是在情感帳戶中，存下鉅額款項，以備未來提領。

二、花時間展現耐性

有個女生不習慣開車，在紅燈轉綠燈時，因為緊張而忘了排檔，直接踩了油門，使得車子停滯不前。起初她以為車壞了，於是熄火、重新發動。

後方有輛車，其實大可繞過去，可是後車的男駕駛只是不停地按喇叭，那位女生覺得尷尬，也更加緊張。後來她受不了，開了車門走到後車旁邊，對那位男駕駛說：「這樣吧，你去移動我的車，我坐在這裡替你按喇叭好不好？」

這雖然是個笑話，但也反應了我們現在身處一個缺乏耐性的時代，什麼都要快。快，沒有什麼不好，只是如果我們**想要與人深度溝通**，**就必須放慢腳步**、**展現耐性**。

友達董事長彭双浪就曾用他的耐性，安定人心，帶領公司，再創佳績。

回顧二〇一一年，彭双浪因公司反托拉斯案，臨危受命、接下大座。然而，他願意承擔大任，不代表員工想跟隨，除了因為公司遇上史上最大虧損外，還有中國廠商在挖角，人心浮動。

彭双浪想讓員工跟著自己走出絕路、找出生路，就得先理解，是什麼阻礙了員工繼續跟公司走下去？於是，他展開「基層之旅」，走遍了二十多座工廠。

一開始，員工只會跟彭双浪說一些小問題，如餐廳食物、交通車問題等，他聽了之後，會認真改善。當員工提出的「小問題」一一改善了，大家就敢跟他說更大的問題，比如：因為降低成本而造成的設備妥善率不良，讓保養團隊疲於奔命。彭双浪知道後，即使在很困難的頭幾年，仍增加設備維修費，讓零件該換新、就換新，減輕員工的維修負擔。

《哈佛商業評論》在〈最佳領導人不怕求助〉一文中提及，「**領導人要做的是建立連結。只有當人們覺得和你建立了連結，才會願意跟隨你、為你努力工作，並為你締造成果、冒險與奉獻。**」

至於要如何建立連結？先解決對方的問題，當對方的問題解決了，人們就會想來幫我們解決問題。大道至簡，但，需要花時間。

展現耐性、不著急，等待連結的花開。通常，用耐心灌溉而開出的花，會特別碩大。

三、花時間勇於認錯

能夠增厚情感帳戶的，是禮貌、善良、仁慈，我們犯了錯，可用裡頭的儲蓄來彌補。即使我們不小心說錯話，也不致得罪人，因為對方知道我們是無心的。

反之，無理取鬧、恫嚇威脅、謊話連篇，會花光情感帳戶。若我們向他人的情感帳戶提款，甚至沒有存款就提款，當我們自覺後，要勇於道歉，因為發乎真誠的道歉，才能化干戈為玉帛。

某日，我從台中高鐵站要返回台北，因為票務問題，求助閘門口人員。服務人員表示，可以協助處理，於是想進入緊鄰的中控室。

不料中控室門口被一位大叔擋住，他在跟中控室內的人員交涉事情。幫忙我的服務人員對他說：「借過，」對方不為所動。再對他說：「借過，」對方仍充耳不聞。又再對他說：「借過，」對方才悻悻然側身，卻隨口用英文罵了服務人員笨蛋，還用腳踹門。

這位服務人員處理完我的問題後，出來問自己同事，是否聽到那位先生罵她？同事皆曰：「沒有。」

我看她急得快哭出來的樣子，於是出聲說：「我有聽到。」於是她問我，願不願意當證人，她要向那位大叔提告。我回，當然願意。

她請我留下個資之際，只見那位大叔慌了手腳、臉色大變。可能服務人員也不想把事態擴大，於是跟對方說：「如果你現在跟我道歉，這件事就算了。」這位大叔才趕忙跟她說對不起，紛爭結束。

服務人員也跟我道謝，我說沒什麼。看起來，認錯雖難，卻有用。

道歉，不等於認錯或認輸

但，為何看似簡單的道歉，對許多人卻是難上加難？因為，人們會把道歉與認輸畫上等號，以為承認錯誤，代表我輸了。事實上，**道歉是主動修補關係，代表我在乎你**。能看透這層關係的人，實屬少數。尤其在職場上，把過錯推給別人，以免自己受到傷害，感覺容易些。許多主管也認為，當眾認錯有損威嚴，以至於錯失彌補的機會。

領導者其實應該明白，自己也是人，是人就會說錯話、做錯事，所以，不是期待自己不犯錯，而是犯錯時能及時道歉、糾正自己。主事者若犯錯還硬拗，傷害就會像傷口被細菌感染一樣，最終造成組織感染，斷臂截肢。

有位企業主上完課後告訴我，他覺得我講得很對，犯錯要道歉認錯。他說自己是刀子口豆腐心，常用謾罵的方式對待員工，但每次一罵完就後悔。

不過，這位企業主也跟我說：「對不起」這三個字，他實在很難啟齒，問我是否有其他辦法可以表達歉意？

我說，只要動機純正，無論何種方法，都會獲得對方原諒。所以建議對方，可以送飲料、請喝咖啡、或是送電影票，聊表歉意。

企業主說這個方法好，但送飲料太小兒科。後來，只要他說錯話、罵了人，就會請祕書去買兩張電影票，包裝好送給要賠罪的員工，也請祕書代為轉達，老闆覺得很抱歉，希望你不要介意之類的話。

後來因為常常有人被罵，這位企業主的祕書不堪其擾，所以直接買一本電影票放著備用。當企業主講這事給我聽時，是面帶微笑，原來，員工跟他的情感帳戶，是持續加碼中。

戲劇泰斗李國修最為人知的座右銘是：「人，一輩子能做好一件事就功德圓滿了。」而他這輩子只想做好一件事，就是「開門、上台、演戲。」所以，如果我們花時間做好「**主動出擊**、**展現耐性**、**勇於認錯**，」這樣，我們的溝通也就功德圓滿了。

L.E.A.D.溝通系統
打造團隊心理安全感，成為員工想追隨的領導者

作者　羅建仁
商周集團執行長　郭奕伶
商業周刊出版部
總監　林　雲
責任編輯　陳瑤蓉
封面設計　FE工作室
內頁排版　張瑜卿

出版發行　城邦文化事業股份有限公司 - 商業周刊
地址　115台北市南港區昆陽街16號6樓
電話：（02）2505-6789　傳真：（02）2503-6399
讀者服務專線　（02）2510-8888
商周集團網站服務信箱　mailbox@bwnet.com.tw
劃撥帳號　50003033
戶名　英屬蓋曼群島商家庭傳媒股份有限公司城邦分公司
網站　www.businessweekly.com.tw
香港發行所　城邦（香港）出版集團有限公司
香港灣仔駱克道193號東超商業中心1樓
電話：（852）2508-6231　傳真：（852）2578-9337
E-mail：hkcite@biznetvigator.com
製版印刷　中原造像股份有限公司
總經銷　聯合發行股份有限公司
電話：（02）2917-8022
初版1刷　2024年6月
定價　台幣380元
ISBN　978-626-7492-13-0（平裝）
978-626-7492-19-2（PDF）
978-626-7492-18-5（EPUB）

國家圖書館出版品預行編目資料

L.E.A.D.溝通系統：打造團隊心理安全感，成為員工想追隨的領導者／羅建仁著 -- 初版. -- 臺北市：城邦文化事業股份有限公司商業周刊，2024.06
256面；17×22公分.
ISBN 978-626-7492-13-0（平裝）
1. 商務傳播　2. 溝通技巧
494.2　113006970

藍學堂

學習・奇趣・輕鬆讀